网络安全科普丛书

INCIDENT RESPONSE
—— Cyber Security ——

奇安信安服团队
/著/

应急响应
网络安全的预防、发现、处置和恢复

电子工业出版社
Publishing House of Electronics Industry
北京·BEIJING

内 容 简 介

本书的内容将前沿的网络安全应急响应理论与一线实战经验相结合，从科普角度介绍网络安全应急响应基础知识。本书共 5 部分(17 章)，内容包括：网络安全应急响应概述、网络安全应急响应实践、网络安全应急响应技术与平台、网络安全应急响应人才培养、网络安全应急响应典型案例。本书旨在为全国网信干部提供理论指南、实践指导和趋势指引，也可以作为从事网络安全应急响应研究、实践和管理的专业人士的培训教材。

未经许可，不得以任何方式复制或抄袭本书之部分或全部内容。
版权所有，侵权必究。

图书在版编目（CIP）数据

应急响应：网络安全的预防、发现、处置和恢复 / 奇安信安服团队著. —北京：电子工业出版社，2019.8
ISBN 978-7-121-36985-8

I. ①应… II. ①奇… III. ①计算机网络－网络安全－技术培训－教材 IV. ①TP393.08

中国版本图书馆 CIP 数据核字（2019）第 131885 号

责任编辑：戴晨辰
印　　刷：涿州市般润文化传播有限公司
装　　订：涿州市般润文化传播有限公司
出版发行：电子工业出版社
　　　　　北京市海淀区万寿路 173 信箱　　邮编：100036
开　　本：787×1092　1/16　印张：16.25　字数：318.5 千字
版　　次：2019 年 8 月第 1 版
印　　次：2024 年 7 月第 7 次印刷
定　　价：65.00 元

凡所购买电子工业出版社图书有缺损问题，请向购买书店调换。若书店售缺，请与本社发行部联系，联系及邮购电话：（010）88254888，88258888。
质量投诉请发邮件至 zlts@phei.com.cn，盗版侵权举报请发邮件至 dbqq@phei.com.cn。
本书咨询联系方式：dcc@phei.com.cn。

前言
Preface

当前,网络空间安全形势日益严峻,我国的政府机构、大中型企业的门户网站和重要核心业务系统常成为攻击者的主要攻击目标。为妥善处置和应对政府机构、大中型企业关键信息基础设施可能发生的突发事件,确保关键信息基础设施的安全、稳定、持续运行,防止给相关部门造成重大影响和经济损失,需进一步加强网络安全与信息化应急保障能力。网络安全应急响应服务是安全防护的最后一道防线,巩固应急防线对安全能力建设至关重要。

考虑到现今市场上网络安全应急响应相关图书极其缺乏,结合奇安信集团安服团队拥有的为全国各地 600 余家政府机构、大中型企业提供网络安全应急响应服务的经验,以及拥有的安全理念和新技术,我们决定编写本书,将工作中的经验、理念、实践技术分享给广大需要的读者。

本书旨在为网信工作的领导干部提供理论指南、实践指导和趋势指引,也可以作为从事网络安全应急响应研究、实践和管理等各类专业人士的培训教材。

本书通俗易懂,书中对所有的网络安全应急响应相关知识的介绍不涉及复杂的技术细节,重点介绍基本原理、解决思路和典型案例。作为一本科普图书,读者不需要具备通信、计算机或网络安全方面的专业知识,即可顺畅阅读本书的大部分内容。

本书内容共 5 部分。

第 1 部分为网络安全应急响应概述,主要介绍网络安全应急响应基本概念、当前面临的形势与挑战、未来的发展趋势，国内外网络安全应急响应相关法律法规和指导机构，网络安全应急响应的标准与模型等。主要目的是让读者了解网络安全应急响应的概念及其重要意义，并从宏观层面掌握一些方法论，形成思维体系。

第 2 部分为网络安全应急响应实践，主要介绍如何建立网络安全应急响应体系、前期的攻防实战演习、发生安全事件后的具体处理方法与事后总结，以及重要活动网络安全应急保障等，以便帮助读者在具体的工作中解决一些实际问题。

第 3 部分为网络安全应急响应技术与平台，主要介绍网络安全应急响应中的关键技术、常用的平台工具，以及漏洞响应平台的基础支持等，以便为读者提供更多的知识储备。

第 4 部分为网络安全应急响应人才培养。保护网络空间安全，高水平的专业网络安全人才是核心要素。未来网络空间中的对抗，其实质是网络安全人才质量、数量，以及对人才合理调配、运用的综合比拼。因此，本部分主要介绍当前比较流行的网络安全人才培训模式，以及网络安全应急响应相关的知识体系和资质认证。本部分内容可为相关单位网络安全人才培养提供参考。

第 5 部分为网络安全应急响应典型案例。本部分内容结合奇安信集团为上百家政企机构提供安全服务和应急响应的工作经验，总结不同行业的典型案例与解决方案，可让读者更加生动地了解实际工作中可能遇到的安全事件和处理方法。

此外，在附录部分还提供了勒索病毒和恶意挖矿的网络安全应急响应自救手册，能够帮助读者在遇到相关问题时快速解决问题，恢复生产经营与工作活动。

本书的出版要感谢奇安信集团各业务线同事的支持，包括但不局限于：张翀斌、张龙、汪列军、丁丽萍、张永印、马红丽、刘洋、裴智勇、刘川琦、鲍旭华、郑新华、李忠宇、苏和、刘雪花、黄蒙、李闯、张鑫、熊瑛、罗博文、杨毅、赵佳伟、白雪、崔凯、贾斌、顾鑫、李志全、翟少君、李明、许旺、胡怀亮、吕欣研、孙红娜、高继明、胡晓。还要感谢电子工业出版社戴晨辰编辑的大力支持，以及其他工作人员的辛勤付出。

由于作者水平所限，不妥之处在所难免，恳请广大网络安全专家、读者朋友批评指正。

作　者

奇安信安服团队简介

奇安信安服团队是奇安信集团旗下为用户提供全周期安全保障服务的团队。奇安信安服团队以网络攻防技术为核心，聚焦威胁检测和响应，在云端安全大数据的支撑下，为用户提供咨询规划、威胁检测、攻防演习、应急响应、预警通告、安全运营等一系列实战化的服务。

奇安信安服团队在数据分析、攻击溯源、应急响应、重保演习等方面有丰富的实战经验，曾多次参与国内外知名 APT 事件的分析溯源工作，曾参与 APEC 会议、G20 峰会、两会、纪念抗战胜利 70 周年阅兵、上合组织峰会等国家重大活动的网络安全保障工作，获得国家相关部门和广大政企单位的高度认可。

自 2016 年以来，奇安信安服团队平均每年参与处置各类网络安全应急响应事件近千起，救援部门的服务对象涵盖各个行业，处置事件包括服务器病毒告警、PC 病毒告警、WebShell 告警、木马告警、数据泄露等多种类型，为用户挽回经济损失数千万元。

目录
Contents

第1部分 网络安全应急响应概述

第1章 网络安全应急响应综述 2
1.1 什么是应急响应 2
1.2 什么是网络安全应急响应 2
1.3 网络安全应急响应的形势与挑战 4
1.4 网络安全应急响应的探索与实践 7
1.5 网络安全应急响应的发展与趋势 11

第2章 网络安全应急响应的法律法规、政策与相关机构 14
2.1 我国网络安全应急响应的法律法规、政策与相关机构 14
2.2 国外网络安全应急响应的法律法规、政策与相关机构 22

第3章 网络安全应急响应的标准与模型 36
3.1 网络安全应急响应的国家标准 36
3.2 网络安全应急响应的常用模型 42
3.3 网络安全应急响应的常用方法 48

第 2 部分　网络安全应急响应实践

第 4 章　建立网络安全应急响应体系 ······ 54
- 4.1　网络安全应急响应处置的事件类型 ······ 54
- 4.2　网络安全应急响应事件的损失划分 ······ 63
- 4.3　网络安全应急响应事件的等级划分 ······ 63
- 4.4　建立网络安全应急响应的组织体系 ······ 65
- 4.5　网络安全应急响应体系的能力建设 ······ 67

第 5 章　网络安全应急响应与实战演练 ······ 70
- 5.1　网络安全演练的必要性与目的 ······ 70
- 5.2　网络安全演练的发展和形式 ······ 71
- 5.3　网络安全实战演练攻击手法 ······ 72
- 5.4　网络安全实战演练的管控要点 ······ 75
- 5.5　红、蓝、紫三方的真实对抗演练 ······ 76

第 6 章　网络安全应急响应的具体实施 ······ 79
- 6.1　检测阶段 ······ 79
- 6.2　抑制阶段 ······ 81
- 6.3　根除阶段 ······ 83
- 6.4　恢复阶段 ······ 84

第 7 章　网络安全应急响应事件的总结 ······ 86
- 7.1　总结阶段 ······ 86
- 7.2　应急响应文档的分类 ······ 87
- 7.3　应急响应文档示例 ······ 88

第 8 章　重要活动的网络安全应急保障 ······ 92
- 8.1　重保风险和对象 ······ 92

8.2 重保方案设计 ·· 94

第3部分　网络安全应急响应技术与平台

第9章　网络安全应急响应中的关键技术 ·· 103
9.1 灾备技术 ·· 103
9.2 威胁情报技术 ·· 106
9.3 态势感知技术 ·· 109
9.4 流量威胁检测技术 ·· 111
9.5 恶意代码分析技术 ·· 119
9.6 网络检测响应技术 ·· 120
9.7 终端检测响应技术 ·· 122
9.8 电子数据取证技术 ·· 124

第10章　网络安全应急响应中的平台和工具 ·· 128
10.1 新一代安全运营中心 ·· 128
10.2 网络安全应急响应工具箱 ·· 132
10.3 网络安全应急响应中的常用工具 ·· 136

第11章　网络安全漏洞响应平台 ·· 142
11.1 漏洞概述 ·· 142
11.2 国内外知名的漏洞平台 ·· 144
11.3 第三方漏洞响应平台 ·· 148

第4部分　网络安全应急响应人才培养

第12章　网络安全人才的现状 ·· 152
12.1 网络安全人才短缺 ·· 152
12.2 不断重视网络安全人才培养 ·· 152
12.3 网络安全人才培养模式探索 ·· 153

第 13 章　网络安全应急响应知识体系及资质认证 ········· 155
13.1　网络安全应急响应人员需掌握的知识体系 ········· 155
13.2　网络安全应急响应相关的资质认证 ········· 156
13.3　其他相关的资质认证 ········· 158

第 14 章　网络安全应急响应培训方式 ········· 160
14.1　网络安全竞赛 ········· 160
14.2　机构、企业培训 ········· 163

第 5 部分　网络安全应急响应典型案例

第 15 章　政府机构/事业单位的网络安全应急响应典型案例 ········· 169
15.1　政府机构/事业单位网络安全应急响应案例总结 ········· 169
15.2　勒索软件攻击典型案例 ········· 169
15.3　网站遭遇攻击典型案例 ········· 175
15.4　服务器遭遇攻击典型案例 ········· 179
15.5　遭遇 APT 攻击典型案例 ········· 183

第 16 章　工业系统的网络安全应急响应典型案例 ········· 185
16.1　勒索软件攻击典型案例 ········· 185
16.2　工业系统信息泄露典型案例 ········· 191
16.3　其他工业系统遭遇攻击典型案例 ········· 194

第 17 章　大中型企业的网络安全应急响应典型案例 ········· 198
17.1　部分行业网络安全应急响应案例总结 ········· 198
17.2　勒索软件攻击典型案例 ········· 199
17.3　网站遭遇攻击典型案例 ········· 204
17.4　服务器遭遇攻击典型案例 ········· 206
17.5　遭遇 APT 攻击典型案例 ········· 212

17.6　忽视网络安全建设易遭遇的问题 ·· 213

17.7　安全意识不足易遭遇的问题 ··· 217

17.8　第三方企业系统造成的安全问题 ·· 219

17.9　海外竞争中遇到的安全问题 ··· 221

附录 A　勒索病毒网络安全应急响应自救手册 ·· 222

附录 B　恶意挖矿网络安全应急响应自救手册 ·· 236

附录 C　网络安全应急响应服务及其衍生服务 ·· 241

第1部分 Part 1 / 网络安全应急响应概述

第 1 章
网络安全应急响应综述

1.1　什么是应急响应

应急响应,其英文是 Incident Response 或 Emergency Response,通常是指一个组织为了应对各种意外事件的发生所做的准备,以及在事件发生后所采取的措施。其目的是减少突发事件造成的损失,包括人民群众的生命、财产损失,国家和企业的经济损失,以及相应的社会不良影响等。

应急响应所处理的问题,通常为突发公共事件或突发的重大安全事件。通过由政府或组织推出的针对各种突发公共事件而设立的各种应急方案,使损失降到最低。应急响应方案是一项复杂而体系化的突发事件应急方案,包括:预案管理、应急行动方案、组织管理、信息管理等环节。其相关执行主体包括:应急响应相关责任单位、应急响应指挥人员、应急响应工作实施组织、事件发生当事人。

为防范化解重特大安全风险,健全公共安全体系,整合优化应急响应力量和资源,推动形成统一指挥、专常兼备、反应灵敏、上下联动、平战结合的中国特色应急响应管理体制,提高防灾、减灾、救灾能力,确保人民群众生命财产安全和社会稳定,2018 年 3 月,中华人民共和国应急管理部正式设立,其主要职责包括:组织编制国家应急总体预案和规划,指导各地区各部门应对突发事件工作,推动应急预案体系建设和预案演练;建立灾情报告系统并统一发布灾情,统筹应急力量建设和物资储备,并在救灾时统一调度,组织灾害救助体系建设,指导安全生产类、自然灾害类应急救援,承担国家应对特别重大灾害的指挥工作,负责安全生产综合监督管理和工矿商贸行业安全生产监督管理等。

1.2　什么是网络安全应急响应

网络安全和信息化是我国经济社会健康、稳定发展驱动之双轮、一体之两翼。

网络安全已上升为国家战略，并且成为网络强国建设的核心。习近平总书记在 2014 年曾指出："没有网络安全就没有国家安全，没有信息化就没有现代化。"在 2018 年全国网络安全和信息化工作会议上，再次强调："没有网络安全就没有国家安全，就没有经济社会稳定运行，广大人民群众利益也难以得到保障。"网络安全问题不再是简单的互联网技术领域的安全问题，而是与经济安全、社会安全息息相关，甚至是军事、外交等关系国计民生的国家层面的战略问题。

网络安全是指网络系统的硬件、软件及其系统中的数据受到保护，不因偶然的或者恶意的原因而遭到破坏、更改、泄露，保证系统连续、可靠、正常运行，网络服务不中断。面对各种新奇怪异的病毒和不计其数的安全漏洞，建立有效的网络安全应急体系并使之不断完善，已成为信息化社会发展的必然需要。

网络安全应急响应（以下简称"应急响应"，本书后续章节提到的"应急响应"均指"网络安全应急响应"）是指针对已经发生或可能发生的安全事件进行监控、分析、协调、处理、保护资产安全的活动。主要是为了对网络安全有所认识、有所准备，以便在遇到突发网络安全事件时做到有序应对、妥善处理。

另外，在发生确切的网络安全事件时，应急响应实施人员应及时采取行动，限制事件扩散和影响的范围，限制潜在的损失与破坏，实施人员协助用户检查所有受影响的系统，在准确判断安全事件原因的基础上，提出基于安全事件的整体解决方案，排除系统安全风险，并协助追查事件来源，提出解决方案，协助后续处置。

国家对网络安全高度重视，且机构和企业面临越来越多、越来越复杂的网络安全问题，使得应急响应工作举足轻重。应急响应活动主要包括以下两方面。

第一，未雨绸缪，即在事件发生前先做好准备。例如，开展风险评估，制订安全计划，进行安全意识的培训，以发布安全通告的方式进行预警，以及各种其他防范措施。

第二，亡羊补牢，即在事件发生后采取的响应措施，其目的在于把事件造成的损失降到最小。这些行动措施可能来自人，也可能来自系统，例如，在发现事件后，采取紧急措施，进行系统备份、病毒检测、后门检测、清除病毒或后门、隔离、系统恢复、调查与追踪、入侵取证等一系列操作。

以上两方面的工作是相互补充的。首先，事前的计划和准备可为事件发生后的响应动作提供指导框架，否则，响应动作将陷入混乱，毫无章法的响应动作有可能引起比事件本身更大的损失；其次，事后的响应可能会发现事前计划的不足，从而吸取教训，进一步完善安全计划。因此，这两方面应该形成一种正反馈的机制，逐步强化组织的安全防范体系。

网络安全的应急响应需要机构、企业在实践中从技术、管理、法律等各角度综合应用，保证突发网络安全事件应急处理有序、有效、有力，确保涉事机构、企业损失降到最低，同时威慑肇事者。网络安全应急响应就是要对网络安全有清晰认识，有所预估和准备，从而在发生突发网络安全事件时，有序应对、妥善处理。

1.3 网络安全应急响应的形势与挑战

在数字化转型的时代背景下，以云计算、大数据、物联网和人工智能为代表的新一代信息革命带来了新一轮的信息化建设浪潮，以大数据驱动的"智能"推动着经济社会和基础设施转型升级的同时，也改变了机构和企业的信息化与业务环境，带来了新的安全威胁和安全需求。数据开放带来的数据安全威胁，云计算带来的业务集中后的业务安全风险，物联网带来的更广泛攻击面，都将对机构和企业的正常运行，甚至社会稳定、国家安全带来更加直接的影响和威胁。机构和企业数字化转型中对安全的"内生"需求将迫使其加强安全建设，构建应急响应体系。

另外，攻击者的国家化、组织化、集团化的倾向越来越明显，攻击手法的多样化、体系化，使得安全防御的难度越来越高，这种攻防双方在资源、能力和投入上的明显不对称性，也不断驱动着机构和企业加强安全建设，构建应急响应体系。

无论是内生安全需求还是攻防对抗的不对称，都需要机构和企业通过自我变革来满足新时代的安全需求。构建网络安全应急管理体系，对日益增多的网络安全事件具有重要意义。

1. 国际网络空间竞争日益激烈

2013 年 6 月，英国《卫报》和美国《华盛顿邮报》报道，美国国家安全局和联邦调查局于 2007 年启动了一个代号为"棱镜"的秘密监控项目，通过进入微软、谷歌、苹果、脸书、雅虎等九大网络公司的服务器，跟踪用户的上网信息，以此全面监督用户的行动。

2018 年 5 月 17 日，美国国防部网络司令部宣布，其下的 133 支网络任务部队（CMF，包括陆军 41 支、海军 40 支、空军 39 支、海军陆战队 13 支）已全部实现全面作战能力。国家网络部队经过充分的训练和武装后或具备保卫国家网络空间安全的能力。

还有一些国际组织会专门针对中国政府部门发起 APT(Advanced Persistent Threat,高级持续性威胁)攻击。APT 攻击与普通网络攻击的本质区别在于其特有的针对性,主要目的是情报的刺探、收集和监控,在某些情况下也会有牟利意图和破坏意图。截至 2019 年 3 月,国内安全企业已累计监测到针对中国境内目标发动攻击的境内外 APT 组织 39 个。这些 APT 组织发动的攻击行动,至少影响了中国境内超过万台的计算机,攻击范围遍布国内 31 个省级行政区。

随着国内外大规模 APT 攻击事件的升级、WannaCry("永恒之蓝"勒索蠕虫病毒)的席卷全球、"核武器"级工具的持续曝光,网络安全已经成为全球焦点。当今的网络安全态势早已不再局限于个人或企业,已经上升到国家与国家之间的博弈对抗。

网络安全深刻影响世界各国的经济社会发展,影响面涉及政治、社会、军事、外交等众多领域。世界主要国家都在积极加强国际网络空间政策制定能力,美国、英国、以色列等国已深刻认识到网络空间安全的重要意义,纷纷出台相关安全战略,增设相应机构,加强网络安全建设。

近几年,针对我国的网络窃密、监听等攻击事件频发,网络空间的安全攻防对抗日趋激烈。在复杂多变的网络与信息安全形势下,我们必须从保证经济发展、维护社会稳定、确保国家安全、保障公共利益等方面,充分认识网络与信息安全应急保障工作的重要性,高度重视并切实做好应急准备工作。

2. 国家对网络安全应急响应的高度重视

2017 年 6 月 1 日,《中华人民共和国网络安全法》(以下简称"《网络安全法》")正式实施。标志着我国网络安全从此有法可依,网络空间治理、网络信息传播规范、网络犯罪惩治等将翻开崭新的一页。

《网络安全法》中对网络安全应急响应及演练工作明确指出:关键信息基础设施的运营者应制定网络安全事件应急预案,并定期进行演练;国家网信部门应当统筹协调有关部门定期组织关键信息基础设施的运营者进行网络安全应急演练,提高应对网络安全事件的水平和协同配合能力;负责关键信息基础设施安全保护工作的部门应当制定本行业、本领域的网络安全事件应急预案,并定期组织演练。

2017 年 1 月 10 日,《中央网信办关于印发〈国家网络安全事件应急预案〉

的通知》(中网办发文〔2017〕4号)的发布,为从国家层面组织应对涉及多部门、跨地区、跨行业的特别重大网络安全事件的应急处置提供了政策性、指导性和可操作性方案。

2017年,中华人民共和国工业和信息化部(以下简称"工业和信息化部")针对通信部门、互联网企业、网络安全企业发布《工业和信息化部关于印发〈公共互联网网络安全威胁监测与处置办法〉的通知》(工信部网安〔2017〕202号)、《工业和信息化部关于印发〈公共互联网网络安全突发事件应急预案〉的通知》(工信部网安〔2017〕281号)等应急响应相关规定。

《网络安全法》及相关标准与规范的发布,使我国网络安全有法可依、有规可依,网络安全行业将由合规性驱动过渡到合规性和强制性驱动并重。

3. 业务发展越来越依靠网络化和智能化

2019年2月21日,工业和信息化部部长苗圩在北京召开的工业互联网峰会的开幕致辞中表示:工业互联网已广泛应用于石油石化、钢铁冶金、家电服装、机械、能源等行业。国内具有一定行业和区域影响力的工业互联网平台总数超过了50家,重点平台平均连接的设备数量达到了59万台。

计算机网络和系统变得越来越复杂,计算机软件(包括操作系统和应用软件)的安全缺陷往往与软件的规模和复杂性成正比。从设计、实现到维护阶段,都留下了大量的安全漏洞。应急响应将有助于降低这些漏洞一旦被攻破所带来的影响。

为了保持商业运营的竞争力,机构、企业需要依靠IT运维信息系统来管理日常业务和大量的业务数据及信息,为机构、企业的业务发展决策提供依据。信息技术平台是机构、企业商业运作强有力的信息支持系统,在一些重要业务系统中通常存储着大量的核心数据,通常,损坏或丢失都会带来利益损失。

不同行业的业务发展越来越依靠网络化和智能化,迫使相关机构、企业对网络安全及应急响应更加重视。

4. 网络威胁已经危害到了各行各业的安全

自2013年斯诺登事件以来,全球数据泄露规模连年加剧。2016年,某准大学生因诈骗电话损失学费9900元,郁结于心最终导致心脏骤停,抢救后不幸离世。2018年11月,某国际酒店集团宣布,其旗下某酒店的数据库被黑客入侵,可能有约5亿顾客的信息泄露,包括顾客的姓名、通信地址、电话号码、电子邮箱、护照号码、出生日期、性别等。

2016 年，黑客通过操控 Mirai 僵尸网络，控制了美国大量的网络摄像头和 DVR 录像机，然后操纵这些摄像头攻击了包括 Twitter、Paypal、Spotify 在内的多个知名网站，导致大量用户无法上网，攻击造成美国东海岸大面积断网事件。

2017 年 5 月 12 日，一种名为 WannaCry 的勒索蠕虫病毒袭击全球 150 多个国家和地区，影响领域包括政府部门、医疗服务、公共交通、邮政、通信和汽车制造业等，至少有 20 万台计算机受到影响，在全球范围内造成至少 80 亿美元损失。

中国国家信息安全漏洞共享平台(CNVD)统计数据显示，2000 年至 2009 年，CNVD 每年收录的工业控制系统漏洞数量一直保持在个位数，但到了 2010 年，该数字攀升到 32 个，次年又跃升到 190 个。这种情况的发生与 2010 年发现的 Stuxnet 蠕虫病毒(震网病毒)有直接关系。Stuxnet 蠕虫病毒是世界上第一个专门针对工业控制系统编写的破坏性病毒，自此业界对工业控制系统的安全性开始普遍关注，工业控制系统的安全漏洞数量增长迅速。

当前我国关键信息基础设施(指面向公众提供网络信息服务或支撑能源、通信、金融、交通、公用事业等重要行业运行的信息系统或工业控制系统)面临的网络安全形势严峻复杂，大量网络被攻击篡改，平台大规模数据泄露事件频发，生产业务系统安全隐患突出，甚至有的系统长期被控。面对高级持续性的网络攻击，防护能力还很欠缺。

勒索病毒、僵尸网络、数据泄露等事件造成的影响，已经逐渐超出了网络安全问题本身，越来越多的事件与政治、经济、道德等因素交织在一起，折射出更多的社会问题，引起了社会更加广泛的关注与热议。各行各业面对的网络安全事件逐年增多、危害范围不断增大，迫使机构、企业不得不正视网络安全问题，建立应急响应机制。

1.4 网络安全应急响应的探索与实践

2019 年，随着我国网络安全工作进入安全法制化、应急小时化新常态，我国政府机构、大中型企业的门户网站和重要核心业务系统成为攻击者的首要攻击对象，安全事件层出不穷，给各单位造成严重的影响。为妥善处置和应对我国政府机构、大中型企业关键信息基础设施发生的突发事件，确保关键信息基础设施的安全、稳定、持续运行，防止造成重大声誉影响和经济损失，需进一步加强网络安全与信息化应急保障能力，使应急保障成为网络安全防护的最后一道防线。

应急响应——网络安全的预防、发现、处置和恢复

奇安信安服团队发布的《2018 年网络安全应急响应分析报告》显示：2018年黑客在重要时期的攻击更加频繁，并以企业暴露在公众视野的网站为切入点进行攻击，从而获得非法收益，这往往会导致企业的生产效率下降，造成无法避免的损失。

1. 攻击从未间断，重要时期更加频繁

2018 年，奇安信应急响应服务团队参与和协助处置各类应急响应事件近千次。其中，2018 年年初和年底发生的应急响应事件请求存在较大反差，年初处置的应急响应事件请求较少，年底相对较多，8 月份应急响应事件请求达到全年最高，全年整体处置的应急响应事件请求处于上升趋势。2018 年政府机构、大中型企业月度应急响应事件请求趋势分布如下图所示。

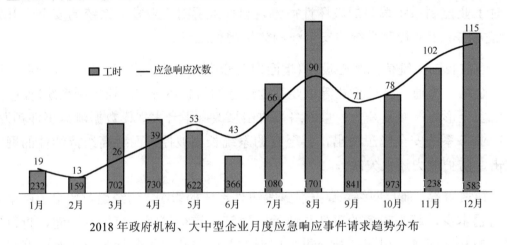

2018 年政府机构、大中型企业月度应急响应事件请求趋势分布

从上述数据可以看出，2018 年攻击者对政府机构、大中型企业的攻击从未间断过。政府机构、大中型企业应在原有安全防护的基础上，进一步强化安全技术和管理建设，同时应与第三方安全服务商建立良好的应急响应沟通和处置机制，做好全年的安全防护工作，特别是重要时期的安全保障工作，逐步建立完善的应急响应机制。

2. 首打网站，再打服务器和数据库

从下图所示的影响范围分布可知，攻击者的主要攻击对象为政府机构、大中型企业的互联网门户网站、内部网站、内部服务器和数据库，其主要原因是门户网站暴露在互联网上，受到多重安全威胁，攻击者通过对网站的攻击，实现敲诈勒索、满足个人利益需求；而内部网站、内部服务器和数据库运行核心业务系统、存放重要数据，也成为攻击者进行黑产活动、敲诈勒索等违法行为的主要攻击目标。

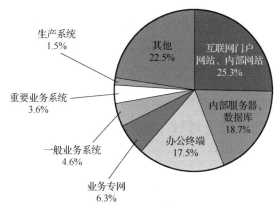

政府机构、大中型企业安全应急响应影响范围分布

基于此,政府机构、大中型企业应强化对互联网门户网站、内部网站的安全防护建设,加强对内部服务器、数据库、办公终端,以及其他相关业务系统的安全防护保障和数据安全管理。

3. 使用保险产品(网络安全保险)来分散风险

Ponemon Institute 年度数据违规成本研究显示,2018 年数据泄露的全球平均成本已高达 148 美元,较 2017 年增长了 6.4%。经历过最昂贵的损失成本的地点包括美国和英国,其报告的损失成本几乎是全球平均水平的 5 倍。尽管数据泄露成本不断飙升,但是大多数组织仍未做好应对财务和声誉影响的准备。因此,对于组织而言,网络安全保险变得不可或缺。

网络风险遍布于各地区,存在于各种类型、规模的企业。网络风险是指通过恶意行为影响或者瘫痪一个组织的信息科技系统,使其遭受财产损失、经济损失、业务中断或者商誉损失的风险。为了规避这些风险,并且将损失降到最低,安全公司正在和保险公司积极探索,使用保险产品的方式来分散风险。

网络安全保险作为一种全新的保险险种,将补偿机构、企业和个人在网络安全事件中遭受的损失。在网络安全领域,通过保险手段来支持、辅助机构、企业的网络安全建设。

中国的网络安全保险几乎为空白,据普华永道发布的报告预测,到 2020 年网络安全保险市场保费将增至 75 亿美元,但全球各地区之间存在很大的不平衡性。在当前的整个网络安全保险市场,美国占 90%份额,而亚太地区仅占 1%,中国市场仍处于起步阶段。2018 年,奇安信集团联合中国人保财险,共同推出了完整、全面的网络安全保险产品,面对十大风险场景提供十二项保障内容,探索我国网络安全保险的发展之路。

网络安全保险的发展受到社会环境、法律环境、人才环境等各方面因素的制约，相较国外相对完善的保险体系，无论是从法律还是细微的保险细则，国内的网络安全保险仍需进一步加快发展。

数据泄露、被勒索、被挖矿等网络攻击事件产生的成本正在不断飙升，但是大多数机构或企业仍未做好应对财产和声誉影响的准备，网络保险应该被视为公司整体风险管理的重要补充。

网络安全保险作为一种全新的保险险种，其在发展的过程中必然会遭受各种各样的未知难题和挑战，但我们相信随着互联网市场的发展，法律机制的不断完善，企业关注度的不断加深，越来越多的保险公司会开始涉足这一保险领域。

4. 获取暴利，实现自身利益最大化

在2018年的应急响应服务中，黑产活动、敲诈勒索仍然是攻击者攻击政府机构、大中型企业的主要原因(如下图所示)。攻击者通过黑词暗链、钓鱼页面、挖矿程序等攻击手段开展黑产活动获取暴利；利用勒索病毒感染政府机构、大中型企业终端和服务器，对其实施敲诈勒索。对于大部分攻击者而言，其进行攻击主要是为了获取暴利，实现自身利益最大化。

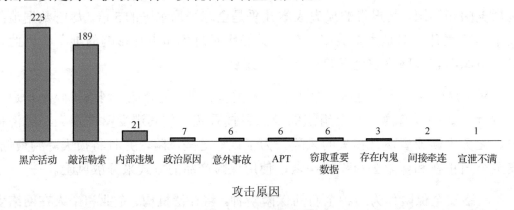

攻击原因

由上图可知，内部违规排名第三，表明政府机构、大中型企业业务人员、运维人员的安全意识还有待提升。存在APT攻击和出于政治原因的攻击说明具有组织性、针对性的攻击团队对政府机构、大中型企业的攻击目的不单单是为钱财，还有可能出于政治意图，目的是窃取和破坏国家层面、重点领域的数据。虽然APT攻击和出于政治原因的攻击数量相对较少，但其危害性较大，所以政府机构、大中型企业，应强化整体安全防护体系建设。

5. 攻击导致机构和企业的生产效率下降、声誉受损

通过对政府机构、大中型企业被攻陷系统的影响后果进行分析研究表明，攻

击者对系统的攻击产生的影响主要表现为生产效率低下、数据丢失、破坏性攻击等，如下图所示。其中，生产效率低下占 20%，攻击者通过挖矿、拒绝服务等攻击手段使服务器 CPU 占用率异常高，从而造成生产效率低下；数据丢失占 13%；破坏性攻击占 10%，攻击者通过利用服务器漏洞、配置不当、弱口令（"口令"也称"密码"，本书根据习惯表达选择）、Web 漏洞等系统安全缺陷，对系统实施破坏性攻击；系统不可用占 7%，主要表现为攻击者通过对系统的攻击，直接造成业务系统宕机；声誉影响占 5%，主要体现在对政府机构、大中型企业门户网站进行的网页篡改、黑词暗链、钓鱼网站、非法子页面等攻击，对政府和企业造成严重的声誉影响。同时，敏感信息泄露、网络不可用、数据被篡改、金融资产盗窃等也是攻击产生的影响，对政府机构、大中型企业造成的损失不可忽视。

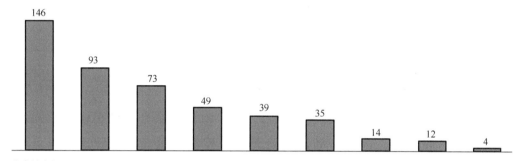

攻击产生的影响(共收集 717 起事件，此处只展现部分重要影响)

1.5 网络安全应急响应的发展与趋势

1. 关口前移，网络安全从"查漏补缺"到"系统规划"的转变

习近平总书记在 2018 年 4 月的全国网络安全和信息化工作会议上提出：要树立正确的网络安全观，加强信息基础设施网络安全防护，加强网络安全信息统筹机制、手段、平台建设，加强网络安全事件应急指挥能力建设，积极发展网络安全产业，做到关口前移，防患于未然。因此，网络安全产业应当在思维上推动变革。

如何做到关口前移？首先应该借助信息化和业务系统改造的契机，走同步规划、同步建设安全系统的模式，从零开始加入到信息化的规划当中，从信息化角度做安全，真正让安全成为"内生"。

在信息化的早期，安全规划与信息化脱节，造成信息化的"房子"建好之后，安全不断地做查缺补漏的"创可贴"工作，很多重要的内生安全没有得到解决。

因此，在面对类似于"永恒之蓝"这样的威胁时相关单位频频失手，造成大面积影响和巨大损失。

在新一轮的信息化大潮中，伴随着大数据的影响，网络、云计算等基础设施都发生了变化，"创可贴"已经无法真正有效保护信息系统的安全，"安全嵌入"需求更加迫切。因此，安全企业需要与集成商、研究院、设计院一起，在信息化和信息化改造的初期把安全规划做好，基于动态综合防御体系进行规划，实现信息化和安全同步规划、同步建设和同步运营。

总之，关口前移重要的是从被动的威胁应对和标准合规，走向更加主动的同步规划与同步建设模式，把握主动权，构建能力导向的综合体系，通过基础架构安全与纵深防御形成防御者优势主场，以威胁情报驱动的大数据态势感知实现及时、精确指挥，积极防御、响应行动，通过组建动态协同防线及多专业的人才队伍对抗多样化的安全威胁。

2. 关口前移，应急小时化，防患于未然

应急响应要前移，即在事前做好充分准备，抓住危机发生的关键因素和触发点，进行预防和预警，才能有效地消除矛盾、控制危机。应急管理的重点是危机发生之后的处置，进行 24 小时监测预警。发生安全事件后，达到重大事件"分钟级"的应急处置，"小时级"的恢复处理。

在"应急小时化"的今天，应急响应工作事后处理，容易错过最佳处理时间的弊端更加明显。更多的应急响应组织尝试将应急响应工作前移，以应对日益严峻的安全形势。前移的应急响应大部分工作应该是对各种可能发生的安全事件制定应急预案，并通过多种形式的应急演练，不断提高应急预案的实际可操作性。

关口前移是对落实网络安全防护方法提出的重要要求，防患于未然则形成了以防护效果为导向的指引要求，即要求用更为积极主动、行之有效的方式来应对网络安全问题。在做好关口前移的基础上，进一步加强网络安全防护运行工作，除了采用定期检查和突发事件应急响应等偏被动的常规机制，还需提升安全防护工作的主动性，定期开展安全应急演练工作。网络实战攻防演习便是在新的网络安全形势下，通过攻防双方之间的对抗演习，从而实现防患于未然。

做到了应急响应工作的前移，机构和企业便能够更加从容地面对各种安全事件，同时也解决了应急响应组织面对大规模突发安全事件，人员不足的问题。

应急响应工作的前移，或成为应对未来大规模网络安全突发事件的最佳解决方案。

3. 机构和企业必须依靠外界力量来处置网络安全问题

尽管机构和企业对网络安全的关注与投资与日俱增，但是安全事件的数量和影响并没有因此而减少。反之，网络攻击形式越来越多，攻击的复杂程度也越来越高，因此，也迫使网络防御进一步提升。

从美国中央情报局、美国国家安全局网络武器库泄露，美国总统大选期间希拉里邮件门事件，乌克兰电网断电，到美国部分地区大规模断网，再到"永恒之蓝"漏洞，这些安全事件都有一个显著的特点，就是传统的技术方法和产品将不再有效。专业的网络安全公司每天都在研究并处理各种各样的网络攻击，因此，当再发生类似安全事件时，可以依靠具有大数据威胁情报资源的应急响应机构，通过大数据威胁情报分析，对安全事件提前感知。

当前，网络安全人才短缺、传统技术和产品脱节及安全预算不足，导致机构和企业在面临样式繁多且日益复杂的网络攻击时，显得心有余而力不足。只有依靠第三方和外界力量，采用"人+系统"的方法，才能更好地防御安全威胁，保护机构和企业的网络安全。

4. 加快网络安全应急响应人才的培养

任何系统或是产品都会有缺陷，不可能百分百防御威胁，只有采用"人+系统"的方法，才能更好地防御这些安全威胁。

应急响应前移及应急响应成为运维服务的核心，靠的都是人。人在安全中的作用越来越重要，万物皆变，不变的是人，应急响应和处置都需要人来完成，单靠设备是无法做好应急处置的。

因此，加强专业应急安全人才队伍的建设是应对频发安全事件的关键要素。应急服务主要通过人工去发现、分析、研判、处理突发的安全事件。能不能高质量地完成应急响应服务，要看有没有合格的安全技术人才，安全人才的能力和应急服务完成的质量有很大关系。

通常，应急响应服务人员需要具备数据分析能力、安全逆向能力、安全实践能力、网络基础知识等多项关键能力。安全需要实战型人才，应急响应的人才培养更需要以创新的理念去开展，以政企的实际需求为根本，建立安全人才生态圈，形成政府、企业和教育机构深度合作的实战型人才培养机制。

第 2 章
网络安全应急响应的法律法规、政策与相关机构

2.1 我国网络安全应急响应的法律法规、政策与相关机构

1. 我国网络安全应急响应相关法律法规、政策

当前,世界各国纷纷将网络空间安全纳入国家安全战略,制定和完善网络空间安全战略规划和法律法规。我国高度重视网络空间安全,习近平总书记曾明确提出"没有网络安全就没有国家安全",而网络安全应急响应工作是网络安全的最后一道防线,完善网络安全应急响应标准体系,规范网络安全应急响应工作,提升网络安全应急响应能力,对于保卫国家安全至关重要。

2017 年,WannaCry 和 Petya 勒索病毒在多个国家和地区先后爆发,引发了各方广泛关注。网络信息技术在给人类带来巨大机遇的同时,也带来了新的安全风险和挑战。同时,为维护网络空间主权和国家安全,落实网络强国战略,我国相继出台了《网络安全法》《国家网络空间安全战略》《网络空间国际合作战略》《国家网络安全事件应急预案》等一系列法律法规、政策,确定了我国网络空间安全的基本方略和行动指南。其中也将应急响应能力建设提升到新的高度,建立系统、全面的应急响应标准体系已成为当务之急。下表为近年来涉及应急响应相关内容的重要法律法规、政策。

涉及应急响应相关内容的重要法律法规、政策

年份	名 称	说 明
2007	《中华人民共和国突发事件应对法》	是专门针对突发事件的预防与应急准备、监测与预警、应急处置与救援、事后恢复与重建的立法
2016	《网络安全法》	第五章共八条专门对监测预警与应急处置提出了明确要求
2016	《国家网络空间安全战略》	对完善网络安全监测预警和网络安全重大事件应急处置机制进行部署

续表

年份	名 称	说 明
2017	《网络空间国际合作战略》	提出要推动加强各国在预警防范、应急响应、技术创新、标准规范、信息共享等方面合作
2017	《国家网络安全事件应急预案》	为国家层面组织应对涉及多部门、跨地区、跨行业的特别重大网络安全事件的应急处置提供政策性、指导性和可操作性方案。随后各行业、各地区也纷纷制定行业/地区网络安全事件应急预案
2017	《关键信息基础设施安全保护条例（征求意见稿）》	对关键信息基础设施范围、运营者安全保护义务、产品和服务安全、监测预警、应急处置和检测评估等一系列事项进行了详细的规定，构建了关键信息基础设施安全保护制度的具体框架
2017	《公共互联网网络安全威胁监测与处置办法》	指导公共互联网网络安全威胁检测与处置工作的开展
2017	《公共互联网网络安全突发事件应急预案》	进一步强化在电信主管部门的统一领导、指挥和协调下，明确面向社会提供服务的基础电信企业、域名注册管理和服务机构、互联网企业(含工业互联网平台企业)、网络安全专业机构等相关单位的职责分工
2017	《工业控制系统信息安全事件应急管理工作指南》	对工业控制安全风险监测、信息报送与通报、应急处置、敏感时期应急管理等工作提出了一系列管理要求，明确了责任分工、工作流程和保障措施
2018	《网络安全等级保护条例（征求意见稿）》	第三十条监测预警和信息通报、第三十二条应急处置要求都对网络运营者在网络安全应急方面提出了要求

2. 部分重点法律法规、政策对于网络安全应急响应的指导意义

（1）《网络安全法》

《网络安全法》的出台具有里程碑式的意义，是我国第一部网络安全的专门性综合性立法，提出了应对网络安全挑战这一全球性问题的中国方案。此次立法进程的迅速推进，显示了党和国家对网络安全问题的高度重视，对我国网络安全法治建设是一个重大的战略契机。网络安全有法可依，网络安全行业将由合规性驱动过渡到合规性和强制性驱动并重。

《网络安全法》用第五章共八条的篇幅来规定国家网信部门及其他政府相关部门"监测预警与应急处置"的制度及措施。另外，在第二十五条、第二十九条、第三十四条还规定了网络运营者及关键信息基础设施的运营者针对网络安全事件应急处置的安全保护义务。

《网络安全法》第五章内容参考如下。

第五章 监测预警与应急处置

第五十一条 国家建立网络安全监测预警和信息通报制度。国家网信部门应当统筹协调有关部门加强网络安全信息收集、分析和通报工作，按照规定统一发布网络安全监测预警信息。

应急响应——网络安全的预防、发现、处置和恢复

第五十二条 负责关键信息基础设施安全保护工作的部门，应当建立健全本行业、本领域的网络安全监测预警和信息通报制度，并按照规定报送网络安全监测预警信息。

第五十三条 国家网信部门协调有关部门建立健全网络安全风险评估和应急工作机制，制定网络安全事件应急预案，并定期组织演练。

负责关键信息基础设施安全保护工作的部门应当制定本行业、本领域的网络安全事件应急预案，并定期组织演练。

网络安全事件应急预案应当按照事件发生后的危害程度、影响范围等因素对网络安全事件进行分级，并规定相应的应急处置措施。

第五十四条 网络安全事件发生的风险增大时，省级以上人民政府有关部门应当按照规定的权限和程序，并根据网络安全风险的特点和可能造成的危害，采取下列措施：

（一）要求有关部门、机构和人员及时收集、报告有关信息，加强对网络安全风险的监测；

（二）组织有关部门、机构和专业人员，对网络安全风险信息进行分析评估，预测事件发生的可能性、影响范围和危害程度；

（三）向社会发布网络安全风险预警，发布避免、减轻危害的措施。

第五十五条 发生网络安全事件，应当立即启动网络安全事件应急预案，对网络安全事件进行调查和评估，要求网络运营者采取技术措施和其他必要措施，消除安全隐患，防止危害扩大，并及时向社会发布与公众有关的警示信息。

第五十六条 省级以上人民政府有关部门在履行网络安全监督管理职责中，发现网络存在较大安全风险或者发生安全事件的，可以按照规定的权限和程序对该网络的运营者的法定代表人或者主要负责人进行约谈。网络运营者应当按照要求采取措施，进行整改，消除隐患。

第五十七条 因网络安全事件，发生突发事件或者生产安全事故的，应当依照《中华人民共和国突发事件应对法》、《中华人民共和国安全生产法》等有关法律、行政法规的规定处置。

第五十八条 因维护国家安全和社会公共秩序，处置重大突发社会安全事件的需要，经国务院决定或者批准，可以在特定区域对网络通信采取限制等临时措施。

(2)《国家网络安全事件应急预案》

2017年6月,《国家网络安全事件应急预案》发布。网络安全是动态的而不是静态的,是相对的而不是绝对的。维护网络安全,必须"防患于未然"。制定《国家网络安全事件应急预案》是网络安全的一项基础性工作,是落实《中华人民共和国突发事件应对法》的需要,更是实施《网络安全法》,加强国家网络安全保障体系建设的本质要求。

①《国家网络安全事件应急预案》为《网络安全法》的实施提供重要支撑

《网络安全法》第五十三条要求,国家网信部门协调有关部门建立健全网络安全风险评估和应急工作机制,制定网络安全事件应急预案,并定期组织演练。这个预案指的便是《国家网络安全事件应急预案》,《网络安全法》授权国家网信部门牵头制定。同时还要求,网络运营者应当制定网络安全事件应急预案;负责关键信息基础设施安全保护工作的部门应当制定本行业、本领域的网络安全事件应急预案。这些预案都要在《国家网络安全事件应急预案》的总体框架下分别制定。

不仅如此,《网络安全法》中若干处提到的有关"规定",也是指《国家网络安全事件应急预案》。例如,第二十五条要求,在发生危害网络安全的事件时,立即启动应急预案,采取相应的补救措施,并按照规定向有关主管部门报告;第五十一条要求,国家网信部门应当统筹协调有关部门加强网络安全信息收集、分析和通报工作,按照规定统一发布网络安全监测预警信息;第五十二条要求,负责关键信息基础设施安全保护工作的部门,应当按照规定报送网络安全监测预警信息。《国家网络安全事件应急预案》均对上述事项进行了规定。

②《国家网络安全事件应急预案》突出统筹协调和统一指挥

网络安全事件与传统公共安全事件有很大不同,突出体现在以下方面。

扩散速度快,影响范围大。信息网络的互联特性决定了很多网络安全事件不再局限于局部,而是全通过网络迅速扩散。加之,由于经济社会发展已高度依赖关键信息基础设施,网络安全事件的影响往往十分严重。

级联效应明显。国民经济各行各业之间有很强的相互依赖性,尤以依赖电力、通信为甚。这导致网络安全事件的后果很容易呈"雪崩"式放大,必须跨部门、跨行业协同处置。

隐蔽性强。应对国家级对手攻击和一般黑客攻击,所需调动的应急资源和处置过程迥然不同。但在事件初始阶段,可能很难分辨事件的性质,这对态势感知、事件分析和情报支援提出了更高的要求。

战时与平时没有清晰界限。极端情况下,一些事件可能是他国网络战部队发起的攻击。但这类攻击却多以电网、通信网等民用设施为目标,网络安全应急预案必须考虑到这类情况。

由以上特点所决定,国家必须建立统一的网络安全应急指挥体系,着力加强统筹协调,着力提升信息共享和情报分析能力,这是《国家网络安全事件应急预案》最突出的特点。

③《国家网络安全事件应急预案》是国家网络安全事件应急预案体系的总纲

应急处置需要上下联动,对大规模网络攻击事件的处置甚至要形成全国一盘棋态势。为此,应急预案必须成为一个体系,《国家网络安全事件应急预案》只是总纲,之下还应制定以下几类预案,各预案间有机衔接。

部门应急预案。指国务院有关部门根据《国家网络安全事件应急预案》和部门职责,为应对网络安全事件制定的预案。

地方应急预案。指省级网络安全应急预案及各市(地)、县(市)级网络安全应急预案。上述预案在各省网信小组领导下,按照分类管理、分级负责的原则,由地方网信部门分别制定。

企事业单位应急预案。指各企事业单位根据有关法律法规制定本单位的网络安全应急预案。

专项应急预案。指举办重要活动时,应制定的重要活动期间网络安全应急预案。

3. 我国网络安全应急响应协调与通报机构

(1)网络安全事件应急指挥体系

国家网络安全事件应急工作由中央统一领导指挥,国家地方部门分级负责,网络运营者、专业队伍和社会力量共同参与,按照"统一指挥、分级负责、密切协同、快速反应"的原则开展应急联动、协同处置工作。《网络安全法》和《国家网络安全事件应急预案》为应急响应提供了纲领性的指导。

《国家网络安全事件应急预案》的第 2 部分对网络安全应急事件中的领导机构、办事机构及其职责和各部门、各省(区、市)的职责进行了明确的规定,以下为原文参考。

2. 组织机构与职责

2.1 领导机构与职责

在中央网络安全和信息化领导小组(以下简称"领导小组")的领导下,中央网络安全和信息化领导小组办公室(以下简称"中央网信办")统筹协调组织国家网络安全事件应对工作,建立健全跨部门联动处置机制,工业和信息化部、公安部、国家保密局等相关部门按照职责分工负责相关网络安全事件应对工作。必要时成立国家网络安全事件应急指挥部(以下简称"指挥部"),负责特别重大网络安全事件处置的组织指挥和协调。

2.2 办事机构与职责

国家网络安全应急办公室(以下简称"应急办")设在中央网信办,具体工作由中央网信办网络安全协调局承担。应急办负责网络安全应急跨部门、跨地区协调工作和指挥部的事务性工作,组织指导国家网络安全应急技术支撑队伍做好应急处置的技术支撑工作。有关部门派负责相关工作的司局级同志为联络员,联络应急办工作。

2.3 各部门职责

中央和国家机关各部门按照职责和权限,负责本部门、本行业网络和信息系统网络安全事件的预防、监测、报告和应急处置工作。

2.4 各省(区、市)职责

各省(区、市)网信部门在本地区党委网络安全和信息化领导小组统一领导下,统筹协调组织本地区网络和信息系统网络安全事件的预防、监测、报告和应急处置工作。

(2)国家计算机网络应急技术处理协调中心

在网络安全应急响应领域,我国于2001年成立了国家计算机网络应急技术处理协调中心,简称"国家互联网应急中心",英文简称CNCERT/CC。其为非政府、非营利的网络安全技术中心,是我国网络安全应急体系的核心技术协调机构。

2003年,CNCERT/CC在全国31个省(直辖市、自治区)成立分中心,实现了互联网的信息共享、技术协调,同时完成了我国互联网安全技术支撑体系跨网、跨系统、跨地域的建设阶段。CNCERT/CC的相关部门包括政府部门、互联网运营单位、CNCERT/CC各省分中心、网络安全工作委员会、国家级应急服务支撑单位、省级应急服务支撑单位、中国 CERT 社区、国内合作伙伴、国外合作伙伴等。

国家网络安全应急响应体系由中央/国家网络安全主管部门、国家计算机网络应急技术处理协调中心等组织构成，其具体构成如下图所示。

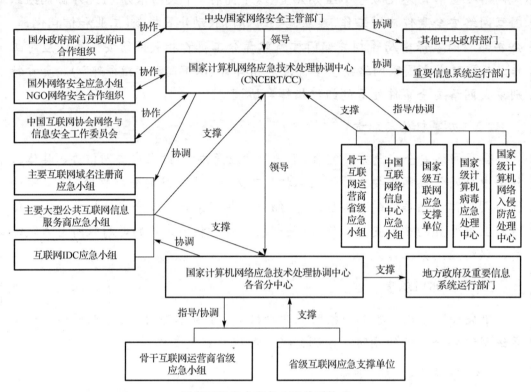

国家网络安全应急响应体系构成

CNCERT/CC 的业务范围如下。

事件发现——依托公共互联网网络安全监测平台，开展对基础信息网络和金融证券等重要信息系统、移动互联网服务提供商、增值电信企业等安全事件的自主监测。同时，与国内外合作伙伴进行数据和信息共享，通过电话、传真、电子邮件、网站链接等接收国内外用户的网络安全事件报告，通过多种渠道发现网络攻击威胁和网络安全事件。

预警通报——依托对丰富数据资源的综合分析和多渠道的信息获取，实现网络安全威胁的分析预警、网络安全事件的情况通报、宏观网络安全状况的态势分析等，为用户单位提供互联网网络安全态势信息通报、网络安全技术和资源信息共享等服务。

应急处置——对于自主发现和接收到的危害较大的事件报告，CNCERT/CC

将及时响应并积极协调处置,重点处置的事件包括:影响互联网运行安全的事件、波及较大范围互联网用户的事件、涉及重要政府部门和重要信息系统的事件、用户投诉造成较大影响的事件,以及境外国家级应急组织投诉的各类网络安全事件等。

测试评估——作为网络安全检测、评估的专业机构,按照"支撑监管、服务社会"的原则,以科学的方法、规范的程序、公正的态度、独立的判断,按照相关标准为政府部门、企事业单位提供安全评测服务。CNCERT/CC 还组织通信网络安全相关标准的制定,参与电信网和互联网安全防护系列标准的编制等。

同时,作为中国非政府层面协助开展网络安全事件跨境处置的重要窗口,CNCERT/CC 积极开展国际合作,致力于构建跨境网络安全事件的快速响应和协调处置机制。CNCERT/CC 为国际著名网络安全合作组织 FIRST 正式成员及亚太应急组织 APCERT 的发起人之一。截至 2019 年 1 月,CNCERT/CC 与 76 个国家和地区的 233 个组织建立了"CNCERT 国际合作伙伴"关系。

4. 我国网络安全应急响应面临诸多挑战

虽然我国近年来不断完善网络安全应急响应的相关政策法规,但在实际实践过程中,依然面临诸多挑战。

① 网络安全应急响应体系建设挑战:网络安全应急响应预案体系不完备,网络安全应急响应演练存在差距,信息共享机制不健全。

② 网络安全应急响应技术和平台挑战:网络安全态势感知和预警系统技术相对落后,网络安全威胁技术不断增强,应急响应技术措施相对滞后,核心技术装备的自主化水平较低。

③ 网络安全应急响应人才队伍建设挑战:网络安全应急响应人才技能单一化,精通网络安全理论和核心技术的尖端人才缺乏,网络安全应急响应从业人员综合素质有待提高,网络安全应急响应人才结构不尽合理,网络安全应急响应人才数量缺口大,人才供需不平衡。

④ 网络安全应急响应标准化挑战:重点标准研究仍需加快推进,技术标准制定有待强化,国际标准话语权有待提升。

因此,我们有必要研究国际上其他国家在网络安全应急响应领域的成功经验和法制体系,不断完善我国的网络安全应急响应体系。

2.2 国外网络安全应急响应的法律法规、政策与相关机构

1. 美国

(1) 美国网络安全应急响应相关法律法规、政策

20世纪80年代末的莫里斯蠕虫事件和计算机间谍案直接推动了世界首个计算机应急响应小组，即美国计算机应急响应小组的建立，这是网络安全应急管理的发端。网络事件是网络安全风险的外在表现，网络事件应急响应处置构成了近年来美国维护网络安全的重要工作。经过多年的持续发展，其已经建成了非常全面的应急响应机制。部分重要法律法规、政策见下表。

美国网络安全应急响应相关的重要法律法规、政策

年份	名称	说明
2004	《国家网络应急响应计划》	附件"网络安全事件"建立了各级政府和私营部门的应急协调框架
2008	《国家网络安全综合计划》	部署了覆盖整个联邦的入侵检测系统和入侵防御系统，连接所有网络行动中心，以加强态势感知，并制定覆盖整个政府部门的网络情报对抗计划
2014	《国家网络安全保护法》	规定国家网络安全和通信整合中心在网络安全信息共享等方面的职责，为信息共享立法奠定了基础
2014	《联邦信息安全现代化法》	明确联邦机构网络安全事件报告要求，责成管理和预算局负责实施该法，并向国会报告网络安全事件情况
2016	41号总统政策令《美国网络事件协调》	界定网络安全事件和重大网络安全事件，制定了指导原则和应急框架，责成国土安全部制定国家网络安全事件应急预案
2016	《国家网络安全事件应急预案》	作为动态的战略框架，详细规定了应急管理各方的职责、核心能力和重大网络安全事件响应的协调机制
2018	《国土安全部网络事件响应小组法案》	提出授权由美国国土安全部国家网络安全和通信整合中心下的网络狩猎及事件响应小组帮助保护联邦网络和关键基础设施免于遭受网络攻击

(2) 美国网络安全应急响应相关机构

① 网络应急领导小组

美国重大网络安全事件相关政策、战略的制定和实施由网络应急领导小组负责。小组通过总统国土安全和反恐助理向国家安全委员会报告，组长由总统特别助理兼网络安全协调官（负责全国网络安全政策协调）担任。

② 国土安全部（Department of HomeLand Security，DHS）

美国联邦政府主要负责网络安全的部门有国土安全部、司法部及国防部，这几个机构都在网络安全方面发挥着至关重要的作用，协同落实美国国家网络安全战略部署。其中，国土安全部是重大网络应急响应中负责资产回应的主导部门，具体通过国家网络安全和通信整合中心落实各项职责。

③ 国家网络安全和通信整合中心（National Cybersecurity and Communications Integration Center，NCCIC）

2009年11月，美国国土安全部成立国家网络安全和通信整合中心，是网络安全和基础设施安全局的子部门，负责整合国土安全部下属的多个国家网络安全中心和应急响应小组，成为协调指挥美国网络安全各项行动的"中枢"。同时作为实施《国家网络应急响应计划》的主要负责部门。该中心是一个全天候的、综合的网络安全和通信行动中心，是发生重大网络安全事件时协调相关行动的国家联络点和执行中心。

NCCIC的各个合作伙伴把其作为一个共同参与的中心协调机构。同时NCCIC还作为信息的集成和分享中心，汇集和分享来自各合作伙伴的有关网络态势感知、脆弱性、入侵事件及如何减少危害的信息。NCCIC可以处理涉密和不涉密等各级别的信息，并通过恰当的渠道与不同级别的合作伙伴进行信息共享。作为一个协调机构，NCCIC的合作伙伴分布非常广泛。

NCCIC还运营国家网络安全保护系统，该系统为联邦部门和机构提供入侵检测和预防功能。NCCIC为国家网络安全评估和技术服务提供网络安全扫描和测试服务，用于识别利益相关方网络中的漏洞，并为风险分析报告提供可操作的补救建议。提供的关键服务具体包括：网络（有线和无线）映射和系统特性识别；漏洞扫描和验证；威胁识别和评估；社会工程、应用程序、数据库和操作系统配置审查；事件响应测试。

在2017年，NCCIC重新调整了组织结构，并整合了以前由美国计算机应急响应小组和工业控制系统网络应急响应小组独立执行的功能。该结构结合了遗留组织的交叉角色，以提高NCCIC网络安全和通信任务的有效性。在2018年3月，美国众议院提出授权由美国国土安全部国家网络安全和通信整合中心下的网络狩猎及事件响应小组帮助保护联邦网络和关键基础设施免于遭受网络攻击。

下图描述了NCCIC组织结构。

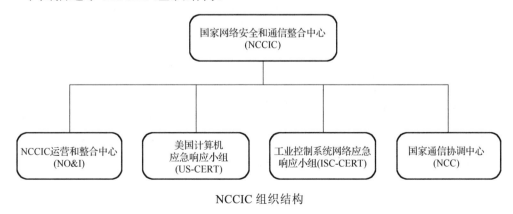

NCCIC组织结构

NCCIC 运营和整合中心(NO&I)：负责规划、协调和集成，实现同步分析、信息共享和事件响应。

美国计算机应急响应小组(US-CERT)：负责为联邦文职行政机构提供网络安全保护，响应网络事件，分析新兴网络威胁相关数据，与外国政府和国际实体协调增强美国网络安全态势。

工业控制系统网络应急响应小组(ICS-CERT)：加强工业控制系统的安全性和弹性，采取措施降低国家关键基础设施的风险。

国家通信协调中心(NCC)：负责协助政府、私营企业和国际合作伙伴共享和分析威胁信息，评估通信基础设施的运行状况，了解通信基础设施的风险状况。领导和协调国家安全和应急准备电信服务和/或设施的启动、恢复和重建。

2. 以色列

(1)以色列网络安全应急响应相关法律法规、政策

受地缘政治与国际局势的影响，以色列成为遭受网络攻击最为频繁的国家之一。因此，以色列较早重视网络安全，建立了一系列的应对机制。2010—2011年是其加强网络安全建设的重要时期，以《2010 国家网络倡议》和以色列政府第 3611 号决议两个里程碑意义的文件为代表，将国家网络战略提上日程。在国家网络局的规划下，通过政府机构、军情部门、学术界、产业界等之间的密切合作，以色列构建了一整套较为健全的网络安全维护机制。国家网络安全应急响应中心及网络威胁指挥控制中心可以快速、高效地应对国家网络安全威胁。部分重要法律法规、政策见下表。

以色列网络安全应急响应相关的重要法律法规、政策

年份	名 称	说 明
2011	《提升国家网络空间能力》第 3611 号决议	该决议要建立国家网络空间安全研究中心，并且要开发相应的安全工具来应对网络空间安全应急事件
2015	《提升国家在网络安全方面的规范和政府领导力》第 2443 号决议	以色列政府成立网络威胁指挥控制中心，致力于提供针对正在发生的政府网络安全相关方面的态势感知，并对网络事件提供应急响应支持
2015	《提升国家对网络安全的准备》第 2444 号决议	建立国家网络安全应急响应中心，并且与境内各组织单位实现网络安全事件及信息的共享、协同处置；作为国家网络安全事件及威胁处理的中心组织

(2)以色列网络安全应急响应相关机构

① 以色列国家网络指挥部(Israel National Cyber Directorate，INCD)

2017 年年底，以色列政府在第 3270 号决议中决定将国家的两个网络空间机

构(国家网络局和国家网络安全局)合并为一个组织单位,即以色列国家网络指挥部,该机构在总理办公室下设立。

② 国家网络局(Israel National Cyber Bureau,INCB)

国家网络局于2011年8月成立,具体负责网络战略的研究制定与落地践行、政府部门机构之间的统筹协调与综合指挥、网络空间的态势感知与安全演习、网络技术的研发管理与资金扶持。

③ 国家网络安全局(National Cyber Security Authority,NCSA)

随着国家网络局的设立,许多涉及民事层面的网络管辖权问题随之出现,国家网络局和国家安全总局之间就民用网络的管辖问题产生了矛盾。为了调解这种僵局、理顺民事网络管辖权,2015年2月,国家网络安全局正式组建,其职能是保护民用网络系统和开展网络防御行动,包括处理威胁和实时反应,下设提升安全和市场管理司、国家网络紧急应对小组、行动司。其中,国家网络紧急应对小组于2015年重新组建,是以色列网络安全和网络事务管理的民用中心。

3. 俄罗斯

(1)俄罗斯网络安全应急响应相关法律法规、政策

俄罗斯网络安全应急响应相关的法律体系建设机制相对完善,从多种维度联合保障网络安全应急响应体系。部分重要法律法规、政策见下表。

俄罗斯网络安全应急响应相关的重要法律法规、政策

年份	名　称	说　明
2006	《数据保护法》	尚未强制要求数据控制者在发生安全事件时向监管机构或数据主体报告数据安全漏洞或损失
2013	俄联邦总统2013年1月15日第31号总统令	建立俄罗斯国家计算机信息安全机制,该机制用于监测、预警和协助处理计算机系统信息安全隐患
2014	《俄罗斯联邦网络安全战略构想(草案)》	该草案对网络安全战略的基本原则和优先事项进行了明确

(2)俄罗斯网络安全应急响应相关机构

① 政府部门内设专门机构

俄罗斯政府部门内都设有网络威胁应对机构。例如,在内务部设有专门局,负责调查境内网络犯罪活动;在安全局设有信息安全中心,负责对抗危害国家和经济安全的外国情报机构、极端组织和犯罪组织;国防部的网络司令部负责遏制其他国家在网络空间对本国利益的侵犯。围绕某一重大任务,各部门之间往往会展开密切协作,以应对网络安全威胁。

② 俄罗斯计算机事件响应中心(RU-CERT)

俄罗斯计算机事件响应中心的主要任务是降低俄罗斯互联网用户的信息安全威胁程度。RU-CERT 还会收集、存储、处理与俄罗斯联邦恶意程序和网络攻击传播有关的统计数据。

4. 欧盟

(1)欧盟网络安全应急响应相关法律法规、政策

部分重要法律法规、政策见下表。

欧盟网络安全应急响应相关的重要法律法规、政策

年份	名称	说明
2013	《欧盟网络安全战略》	依据该战略,欧盟计算机应急响应小组负责实时监控网络动态并做出应急对策,欧盟内各国均设立了网络安全专门机构,如国家网络应急响应小组、数据局和网络安全机构,负责监控网络安全动态,以便调整策略
2016	《网络与信息系统安全指令》	该指令强化欧盟成员国之间网络安全事件信息共享与协作应对机制建立。指令要求各成员国指定一家或多家计算机安全事件响应小组进行安全风险和事件处理,欧盟层面成立协作小组,负责安全事件信息共享及安全协作事宜
2018	《通用数据保护条例》	规定在发生个人数据泄露的情形时,数据控制者应当自发现之时起 72 小时内,按照第 55 条的规定将个人数据泄露的情况报告监管机构,除非该个人数据的泄露不太可能会对自然人的权利和自由造成风险。未能在 72 小时内报告的,则需要说明未及时报告的理由

(2)欧盟网络安全应急响应相关机构

① 网络安全协作体(Cooperation Group)

根据《网络与信息系统安全指令》要求,建立一个网络安全协作体,该协作体由成员国代表、欧盟委员会和欧盟网络与信息安全局组成。协作体的主要职能是:为计算机安全事件响应团队网络的活动提供指导,交流网络安全最佳实践案例和风险信息,讨论网络安全相关具体标准和技术细则等。每隔一年半,协作体应当完成一份报告,以评估战略合作中积累的经验。

② 计算机安全事件响应团队网络(CSIRTs Network)

计算机安全事件响应团队网络由各国计算机安全事件响应小组的代表和欧盟计算机应急响应小组构成。各国计算机安全事件响应小组的职责在于:监测全国范围的网络安全事件,向相关利益方提供网络安全风险和事件预警、警报、通知、信息传播,应对网络安全事件,提供动态的风险事件分析和态势感知,参与欧盟层面的计算机安全事件响应团队网络。欧盟计算机应急响应小组的职

责在于：网络安全事件信息交换，为成员国处置跨境安全事件提供支持，探索和认定进一步业务合作的形式等。每隔一年半，欧盟计算机应急响应小组应当向协作体提交一份报告，以评估业务合作中积累的经验。

③ 欧盟网络与信息安全局（ENISA）

欧盟网络与信息安全局专门负责欧盟网络安全，制定网络安全预案，引导各成员国的互联网治理体系建设，并引导各成员国在统一的框架下进行网络安全治理合作，鼓励私营企业为技术创新和网络安全治理贡献力量。

欧盟网络与信息安全局的自身定位并非是充当欧盟计算机应急响应小组，而是帮助欧盟及其成员国为应对未来的网络攻击做好充分准备。

④ 欧盟计算机应急响应小组（CERT-EU）

欧盟计算机应急响应小组成立于 2012 年，该团队由来自欧盟主要机构的 IT 安全专家组成。目前其主要工作内容如下。

预防：通过发出网络安全警告、白皮书、安全意识计划、关于特定技术和主题的安全咨询、开设一个包含安全新闻聚合器和漏洞奖励程序的网站来提高网络安全意识和预防安全事件的发生。

网络威胁情报：发现有关网络攻击或破坏的信息，并提供态势感知，向参与者发布建议，以应对不断演变的网络安全威胁。

应急响应：进行专门调查，支持、协调各成员对网络安全事件进行处理。支持、协调的内容包括：评估可用信息，验证信息，必要时收集额外证据，与相关方沟通，最后提出解决方案，以解决事件。该服务还向 CERT-EU 的支持者提供了许多自动化分析工具。

监测：入侵事件的检测、入侵检测传感器监测和安全日志分析。

安全测试：通过使用允许的黑客技术和定制的渗透测试来检验和加强机构的网络安全能力。

5. 英国

(1) 英国网络安全应急响应相关法律法规、政策

英国政府于 2009 年出台了首个国家网络安全战略文件，用以指导和加强国家的网络安全建设，并于 2011 年、2016 年根据安全形势和建设需求的变化，发布了第 2 版、第 3 版国家网络安全战略。经过多年的努力和不断优化完善，

英国已基本建立较为完备的网络安全战略框架。部分重要法律法规、政策见下表。

英国网络安全应急响应相关的重要法律法规、政策

年份	名　　称	说　　明
2009	《国家网络安全战略》	设立网络安全行动中心和网络安全办公室。其中，网络安全行动中心负责协调政府和民间机构计算机系统的安全保护工作，网络安全办公室负责协调政府各部门的网络安全计划
2013	《网络安全信息共享合作关系》	是全国性倡议，建立地区网络信息共享合作关系。目标是促进网络安全信息地区性共享，保护地方企业免遭网络犯罪危害
2016	《国家网络安全战略（2016—2021）》	加强事件管理和深化威胁认知。政府网络事件管理过程反映前兆原因、事件处理和事后响应；严格审查和界定政府的响应范围，向政府和私营部门提供有效的事件管理；以及建立信息共享系统，帮助各机构掌握威胁信息并迅速采取行动等

(2) 英国网络安全应急响应相关机构

① 网络安全和信息保障办公室（Office of Cyber Security and Information Assurance，OCSIA）

网络安全和信息保障办公室为英国内阁办公室的内设机构，前身为 2009 年 9 月根据《国家网络安全战略》设立的网络安全办公室。设立之初主要负责政府各部门网络安全计划的协调工作。2010 年改组为网络安全和信息保障办公室，职责包括：协调国家网络安全和信息保障方面的跨政府工作，管理国家网络安全计划和国家网络安全战略的实施，以及为内阁部长和国家安全委员会提供网络安全方面的决策支持等。

② 网络安全行动中心（Cyber Security Operations Center，CSOC）

网络安全行动中心是根据 2009 年发布的《国家网络安全战略》成立的实体机构，于 2010 年 3 月正式运营，隶属于政府通信总部，负责协调政府和民间机构计算机系统的安全保护工作。

③ 国家网络安全中心（National Cyber Security Center，NCSC）

国家网络安全中心于 2017 年正式成立，是英国情报机构政府通信总部的一个下属机构。通信总部的工作内容涵盖多个方面，包括：支持军事行动，帮助执法机构解决严重犯罪、网络威胁、恐怖主义、间谍活动等与国家安全密切相关的问题。其中网络威胁部分，主要由国家网络安全中心负责。

国家网络安全中心作为负责网络安全权威的官方机构，始终从英国最根本的利益出发，致力于参与度、策略与沟通、事件管理、操作、技术研究与创新五部分的工作，并进一步强调以下四大主要任务。

关于网络信息共享：通过与国内行业界、学术界及国际伙伴的合作交流，从网络安全事件中获取情报、吸收信息，并形成切实可行的指导性意见报告分享给大众，实现广泛的信息共享，从而帮助大众识别和解决系统性漏洞，提高他们在网络安全上的自我防护能力。

关于国家安全能力：凭借研究成果和技术水平上的优势，国家网络安全中心对于当今数字环境中的网络威胁、安全漏洞和技术趋势等方面有着清晰的了解，在网络防护的关键性问题上发挥着领导作用。然而，网络环境中各事物瞬息万变，因而需要借助人才和技术的力量，通过选拔和培养人才，研发和创新技术，提高国家层面抵抗网络攻击的能力。

关于网络安全事件：即使国家网络安全中心防控风险的能力再强，许多网络攻击和网络犯罪事件仍不可避免。针对这种现象，国家网络安全中心成立了事故管理团队，识别事件并提供技术支持，协助政府、执法部门一起进行事后恢复工作，努力降低事件对受害人的不良影响。

关于网络风险防控：通过提供定制的建议和指导，协助网络的设计和测试，并帮助制定有效的事件响应预案，从而为公共和私营部门、组织的网络风险防控助力。

6. 新加坡

(1) 新加坡网络安全应急响应相关法律法规、政策

新加坡作为互联网发达国家，其 2018 年版的《网络安全法》也针对网络安全威胁和事件的应对做了明确的规定，其设置了网络安全响应专员及事件响应办公室和事件响应官，从人员、组织、流程机制上进行全面保障。部分重要法律法规、政策见下表。

新加坡网络安全应急响应相关的重要法律法规、政策

年份	名称	说明
2018	《网络安全法》	依据 2018 年版《网络安全法》的第四章应对网络安全威胁和事件，新加坡在安全事件发生时，通过网络安全响应专员与事件响应办公室和事件响应官进行配合，其中规定网络安全专员具备如下职责和职能： 与其他国家或地区的计算机应急响应小组就网络安全事故进行合作； 如果网络安全响应专员收到有关网络安全威胁或事件的信息，其可以行使或授权副专员、助理专员、网络安全官或者其他官员行使基于调查网络安全威胁或事件所必需的权力，事件响应官必须全力配合

(2) 新加坡网络安全应急响应相关机构

① 通信和信息部（Ministry of Communications and Information，MCI）

通信和信息部负责监督信息通信技术、网络安全、媒体和设计部门的发展；联系国家图书馆、国家档案馆和公共图书馆；负责政府的信息和公共传播政策等。目前下设四个子部门，其中网络安全局是具体负责网络安全的部门。通信和信息部的部门结构图如下图所示。

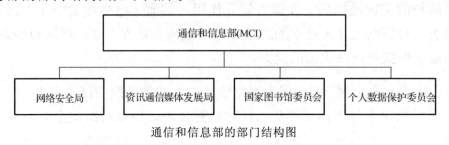

通信和信息部的部门结构图

② 网络安全局（Cyber Security Agency of Singapore，CSA）

2015 年，新加坡成立网络安全局，负责统筹政府各部门的网络安全事宜，制定和执行网络安全法规、政策，提高各部门可提早探测及抵御网络威胁的能力，协调政府、工业界、学术界、企业界、民众间的合作及国际合作，并负责监督能源、银行及金融、政府、医药、水源、资讯通信、陆路交通、海事、民航、保安和媒体 11 个关键领域的网络安全。

7. 澳大利亚

(1) 澳大利亚网络安全应急响应相关法律法规、政策

澳大利亚与以色列的应急响应机制很相似。在 2016 年版的《网络安全战略》中，把澳大利亚计算机应急响应小组和澳大利亚网络安全中心作为国家应急保障组织，并且赋予了其很高的执法地位。部分重要法律法规、政策见下表。

澳大利亚网络安全应急响应相关的重要法律法规、政策

年份	名称	说明
2016	《网络安全战略》	澳大利亚政府网络安全战略中必不可少的两个相互支持的新型组织为：澳大利亚计算机应急响应小组和澳大利亚网络安全中心。澳大利亚计算机应急响应小组将成为澳大利亚政府内部的协调部门，可以提供网络安全信息，并为澳大利亚机构提供建议，同时它也是澳大利亚政府与国际社会接触的部门，以便于更加有效地支持国际合作活动

(2) 澳大利亚网络安全应急响应相关机构

澳大利亚政府根据 2016 年版的《网络安全战略》确立了网络安全管理三大

相互协调的战略支柱，即总理内阁部、澳大利亚网络安全中心和网络大使。其中，总理内阁部为制定国家网络安全政策的决策核心，对政府网络安全政策及《网络安全战略》的实施进行综合监督。澳大利亚网络安全中心以国家网络安全优先事项为指导，持续整合政府网络安全运营能力，并利用其网络专业知识为各组织提供支持。国防部，特别是澳大利亚信号局在抵御恶意网络活动中发挥了极其重要的作用，将继续领导澳大利亚网络安全中心的运作。网络大使（由外交贸易部任命）接受网络安全特别顾问的指导并与之密切合作，负责国际网络事务。

① 澳大利亚信号局（Australian Signals Directorate，ASD）

2017年7月，澳大利亚政府同意2017年独立情报审查的建议，澳大利亚信号局成为国防组合中的法定机构。澳大利亚网络安全中心于2018年并入该机构，主要负责网络安全方面的工作。

② 澳大利亚网络安全中心（Australian Cyber Security Center，ACSC）

澳大利亚依据2009年版的《网络安全战略》，于2010年成立网络安全运行中心（CSOC）。其负责为政府提供全方位网络态势感知，并协调政府机构和业界共同应对网络威胁。2014年11月，澳大利亚以CSOC为基础扩展建立了澳大利亚网络安全中心。于2018年7月将澳大利亚计算机应急响应小组和数字化转型局的网络安全人力整合并入澳大利亚网络安全中心，并将扩大后的澳大利亚网络安全中心正式并入澳大利亚信号局。

澳大利亚网络安全中心是澳大利亚政府在国家网络安全方面的领导者。它汇集了澳大利亚政府的网络安全功能，以提高澳大利亚社区的网络弹性，并支持澳大利亚在数字时代的经济和社会繁荣。澳大利亚网络安全中心对全球的网络威胁进行7×24小时的监控，当发生网络安全事件时，向个人、中小型企业、大型企业和关键基础设施运营商提供建议。澳大利亚网络安全中心与澳大利亚和海外的企业、政府、学术合作伙伴及专家合作，研究和开发网络安全威胁的解决方案，同时还与执法机关合作打击网络犯罪。

③ 澳大利亚计算机应急响应小组（CERT Australia）

澳大利亚计算机应急响应小组于2010年与网络安全运行中心同时建立，为政府内的协调机构，主要职责包括：促进公私部门合作，向企业、行业等提供网络安全信息与建议，以及开展与其他国家计算机应急响应小组的合作等。2018年7月全部并入了澳大利亚网络安全中心，成为该组织的重要部门。

8. 加拿大

(1) 加拿大网络安全应急响应相关法律法规、政策

加拿大 2018 年版的《国家网络安全战略》，创新点在于从安全运营的角度新建了一个国家权威机构——加拿大网络安全中心。部分重要法律法规、政策见下表。

加拿大网络安全应急响应相关的重要法律法规、政策

年份	名称	说明
2018	《国家网络安全战略》	该战略作为加拿大在网络安全方面的路线图，旨在实现加拿大网络安全建设的目标和优先事项。新建了一个国家权威机构——加拿大网络安全中心，整合现有网络业务，为政府部门、关键基础设施运营商及公共和私营部门提供专家咨询和服务，以加强国家的网络安全建设。该中心将汇集来自加拿大通信安全机构、公共安全部门、加拿大共享服务局等政府尖端网络安全运营人才，成为该国网络安全信息统一的、可信的来源。该中心将面向外界，与行业合作伙伴和学术界展开合作，为网络安全事件提供更快速、更有力的响应

(2) 加拿大网络安全应急响应相关机构

① 通信安全局（Communications Security Establishment，CES）

通信安全局是加拿大主要的安全和情报机构之一，其重点是收集外国信号情报，以支持加拿大政府的优先事项，并帮助保护加拿大重要的计算机网络和信息，为联邦执法和安全机构履行其合法职责提供技术和业务援助。通信安全局在保护计算机网络和信息安全方面，主要负责：保护政府部门和其他私营部门的网络安全，利用技术手段抵御网络威胁，通过加密保护敏感信息，为政府制定信息技术安全标准，测试和评估安全产品和系统，培训政府的网络安全专业人员。

② 加拿大网络安全中心（Canadian Center for Cyber Security，CCCS）

加拿大网络安全中心成立于 2018 年 10 月 1 日，整合了加拿大通信安全局的 IT 安全部门、公共安全部门的网络事件响应中心、共享服务局等机构的业务和人才，成为加拿大在网络安全和网络威胁响应方面最权威的机构。其主要负责向加拿大公民和企业通报网络安全事件，并提供建议和指导；开发和共享专门的网络防御技术和工具，提供更好的网络安全环境；通过部署复杂的网络防御解决方案，捍卫包括政府系统在内的网络系统；在网络安全事件中担任运营领

导和政府发言人；在网络安全事件响应时，成为政府、企业等相关合作伙伴的协调机构；加强公众对网络安全的认识和教育，并定期进行网络威胁评估，以更好地为决策提供信息，还将共享网络安全技能和信息。

9. 日本

(1) 日本网络安全应急响应相关法律法规、政策

日本是世界上信息化程度高、网络信息技术发达的国家，同时也是对网络安全最为重视的国家之一。近年来，为全面有效地推进网络安全政策的实施，日本政府接连推出了 2013 年版、2015 年版和 2018 年版《网络安全战略》，详细阐述日本政府的网络安全理念，明确提出网络安全的战略目标、基本原则和行动方向，成为指导和加强国家网络安全建设的纲领性文件。部分重要法律法规、政策见下表。

日本网络安全应急响应相关的重要法律法规、政策

年份	名称	说明
2014	《网络安全基本法》	日本计算机应急响应小组/协调中心成立，负责网络安全事件应急响应时的情报收集、联络工作，在政府机构、网络业务提供商、安全厂商，以及相关产业联盟之间发挥桥梁作用
2015	《为强化网络安全政策而进行审计工作的基本方针》	进一步细化了网络安全和应急响应的相关规定，包括建议公司认识到网络安全风险并制定全公司范围的安全政策，建立网络安全风险管理结构、流程，制定符合公司实际的识别网络攻击风险的政策，开发应急响应系统，管理网络安全风险等
2017	《网络安全管理指南》	

(2) 日本网络安全应急响应相关机构

① 网络空间安全战略总部（Cybersecurity Strategy Headquarters，CSH）

根据 2014 年正式颁布执行的《网络安全基本法》的要求，2015 年 1 月，日本政府将"信息安全委员会"升级为"网络空间安全战略总部"，统一协调各部门的网络安全应对策略。其主要职责为：制定网络安全战略草案、推进战略实施；制定国家行政机关和地理行政法人的网络安全政策标准；制定和评估政府机构安全标准、调查重大网络安全事件；评估相关经费和政策，同时向行政机构提供资料及劝告等。

② 国家网络安全事件应急与战略中心（National Center of Incident Readiness and Strategy for Cybersecurity，NISC）

随着网络空间安全战略总部的升级，内阁官房信息安全中心改为国家网络安

全事件应急与战略中心。其是日本网络安全最高执行机构,具体负责制定与信息安全策略相关的基本战略、规定,协调政府、军队、民众之间的网络安全行动,领导政府机构信息安全监控应急协调小组管理国际合作。

③ 日本计算机应急响应小组/协调中心(JPCERT / CC)

JPCERT / CC,即日本计算机应急响应小组/协调中心。其前身是 IP 工程与规划组中的安全任务小组,在 2004 年被指定为与网络服务提供商、安全供应商、政府机构及行业协会联系的协调机构。在亚太地区,JPCERT / CC 帮助组建了亚太计算机应急响应小组,并为其提供了秘书处。在全球范围内,作为事件响应和安全团队论坛的成员,JPCERT / CC 与全球计算机应急响应小组进行合作。

JPCERT / CC 提供的服务如下:

提供计算机安全事件响应;

与国内和国际计算机应急响应小组及相关组织协调合作;

促进建立新的计算机应急响应小组,并在计算机应急响应小组之间开展合作;

收集和传播有关计算机安全事件和漏洞、安全修复程序及其他安全信息的技术信息,同时发出警报和警告;

提供计算机安全事件的研究和分析;

开展相关安全技术研究;

通过教育和培训提高大众对网络安全和技术知识的认识和理解。

10. 韩国

(1)韩国网络安全应急响应相关法律法规、政策

韩国的网络安全应急保障体系也很完善,从其 2017 年版的《国家网络安全法案》可以看出,其对网络安全事件的响应从网络危机警报的发布到最终的恢复目标都有很明确的度量要求。部分重要法律法规、政策见下表。

韩国网络安全应急响应相关的重要法律法规、政策

年份	名　　称	说　　明
2017	《国家网络安全法案》	《国家网络安全法案》旨在防止威胁国家安全的网络攻击的发生，迅速、积极应对网络危机。在第三章网络安全应对体系中规定： (10)网络攻击事故的通报和调查。法案建立网络攻击导致的事故通报及调查体系，责任机构在发生网络攻击事故时，应向其上级机构通报，上级机构应迅速进行事故原因分析，调查确认其损失并防止类似事件再次发生，有必要的可请求支援机构提供技术支援。在调查过程中，发现存在网络攻击相关的恶性程序或感染恶性程序的电子信息时，可要求计算机、网站或软件等管理员删除或屏蔽。 (11)网络危机警报的发布。法案规定，国家情报院发布国家层面系统性应对网络危机的警报，中央行政机关发布管理领域内的网络危机警报，并立即采取损失最小化和恢复措施

(2) 韩国网络安全应急响应相关机构

① 国家网络安全中心(National Cyber Security Center，NCSC)

根据《国家网络安全管理规定》，国家情报院和相关国家行政机关协调负责网络安全政策和管理，国家情报院设立由多个中央行政机关参与的国家网络安全战略会议，审议国家网络安全相关的重要事项。国家情报院在2004年设立国家网络安全中心，负责公共部门的网络安全。其主要履行以下四大职责。

国家网络安全政策的一般管理：规划/协调国家网络安全政策，建立国家网络安全系统和指南，召开会议，制定国家网络安全措施，在公共/私营/军事部门之间建立/运行信息共享系统。

网络危机预防活动：为各级政府机构的计算机网络提供安全咨询和安全评估，验证安全性、一致性，对网络危机进行演练，评估网络安全的管理状况，管理网络安全公共领域的主要信息和通信基础设施的安全。

网络攻击的侦测活动：为各级机构提供7×24小时的计算机网络监控，发布网络危机警告，为部门安全监测中心的运作和各级机构的培训提供支持，开发/支持新型黑客威胁的检测技术。

威胁信息事故调查与分析：在发生黑客攻击事件时进行调查并查找原因，分析网络威胁信息和漏洞，与国内外有关组织建立合作机制，为有价值的网络威胁报告提供补偿并分发安全建议。

② 韩国信息安全局(Korea Internet & Security Agency，KISA)

韩国信息安全局负责处理韩国IPv4/IPv6地址空间的分配和维护，自治系统号码和国家代码顶级域名.kr，同时还负责保障韩国公共互联网安全，宣传安全使用互联网和网络文化，检测和分析网络，进行有关互联网和网络安全的教育等。

第 3 章
网络安全应急响应的标准与模型

3.1 网络安全应急响应的国家标准

1. 应急响应标准的发展简史

1988 年,美国受到莫里斯蠕虫事件的触动,组建了第一个计算机应急响应小组 US-CERT,其宗旨是通过响应重大安全事件、分析威胁、开展关键信息交换的国际合作,维护美国的网络空间安全。

US-CERT 持续发布网络安全应急响应相关的技术指南,如《计算机安全事件响应小组手册》《事件管理能力评价指标》等。相关成果被美国国家标准与技术研究所(National Institute of Standards and Technology,NIST)进一步转化为 SP 800 信息安全系列中的标准,包括:

NIST SP 800-3《建立计算机安全事件响应能力》;

NIST SP 800-34《信息技术(IT)系统应急计划指南》;

NIST SP 800-61《计算机安全事件处理指南》;

NIST SP 800-86《应急响应整体取证技术指南》等。

随着网络空间安全概念的形成,网络安全事件呈现高危频发的新态势,应急响应理念也在发生变化。NIST 于 2014 年启动关于网络空间安全框架的标准研究工作,并于 2016 年 12 月发布了 NIST SP 800-184《网络空间安全事件恢复指南》,提出了从防范事故向威胁预警的应急响应理念的转变。

在 US-CERT 成立之后,世界范围内各级响应小组纷纷成立,国际上通常称为 CS 事件响应小组(Computer Security Incident Response Team)。1990 年,由 11 个成员发起成立了事件响应与安全小组联盟(Forum of Incident Response and Security Teams,FIRST),目前已经发展成覆盖 84 个国家 400 多个成员的国际性组织,除了国家级的响应小组(如 US-CERT),还包括各种企业、组织的响应小组(如中国移动的响应小组)。

在国际标准方面,信息安全技术分委员会(ISO/IEC)在 2004 年发布了《信息

技术 安全技术 信息安全事件管理》技术报告。2011 年，在修订该技术报告时，采纳了我国基于国家标准《信息安全技术 信息安全事件分类分级指南》的提案，并发布了《信息技术 安全技术 信息安全事件管理》，纳入 27000 信息安全管理系列标准。2016 年，ISO/IEC 继续对 2011 年的标准进行修订，发布了《信息技术 安全技术 信息安全事件管理》，分为如下三部分。

《信息技术 安全技术 信息安全事件管理 第 1 部分：事件管理原理》：该国际标准提出了信息安全事件管理的基本概念和阶段，并将这些概念与一种结构化方法中的原理相结合，来发现、报告评估和响应事件，以及进行经验总结。

《信息技术 安全技术 信息安全事件管理 第 2 部分：事件响应规划和准备指南》：该国际标准基于"第 1 部分：事件管理原理"所给出的"信息安全事件管理阶段"模型中"计划和准备"阶段和"经验总结"阶段，为事件响应的计划和准备提供指导。

《信息技术 安全技术 信息安全事件管理 第 3 部分：事件响应操作指南》：该标准还在研制过程中，尚未正式发布。

国际互联网工程任务组(The Internet Engineering Task Force，IETF)也发布过一些文件，包括《计算机安全事件响应的预期》《事件对象描述交换格式》等。

此外，一些知名企业机构也会分享网络安全应急技术报告与最佳实践，例如，系统管理和网络安全审计协会发布了《数字取证和事件响应综述报告》，MITRE 公司发布了《世界级网络安全运营中心的十佳实践战略》等。

2. 网络安全应急响应国家标准概况

在应急响应方面，我国也制定了相关标准。例如，2007 年发布了《信息技术 安全技术 信息安全事件管理指南》，该指南对信息安全事件的发现、报告、评估、总结进行了规范，并提出应当将应急方案形成文件。2009 年，发布了《信息安全技术 信息安全应急响应计划规范》，该标准主要对应急响应的总体流程进行了规范。

目前，我国在应急响应领域，还有以下国家标准：

《网络安全事件描述和交换格式》；

《信息安全技术 信息安全漏洞管理规范》；

《信息技术 安全技术 信息安全事件管理 第 1 部分：事件管理原理》；

《信息安全技术 信息安全事件分类分级指南》；

《信息技术服务 运行维护 第 3 部分：应急响应规范》；

《信息安全技术 安全漏洞分类》等。

一些重要行业还发布了应急响应相关的行业标准，例如，中国通信标准化协会发布了《网络与信息安全应急处理服务资质评估方法》《网络安全应急处理小组建设指南》《移动互联网安全监测预警与处置系列标准》等。

全国信息安全标准化技术委员会已经开展了一系列相关标准研制，例如，已经发布的《信息安全技术 信息安全应急响应计划规范》《信息安全技术 信息系统灾难恢复规范》，以及在研的《信息安全技术 公共信息网络安全预警指南》《信息安全技术 网络安全威胁表达模型》《信息安全技术 网络安全事件应急演练通用指南》等。然而现有标准还不能覆盖网络安全应急过程中准备、检测、抑制、根除、恢复、总结的各个环节，缺乏网络安全应急能力评估、网络安全应急预案编制指南等标准，有些早期标准也需要修订，以适应当前新的网络安全形势。

3. 典型国家标准解析

下面对我国发布的应急响应国家标准进行简要分析。

(1)《信息技术 安全技术 信息安全事件管理 第 1 部分：事件管理原理》

该标准提出了信息安全事件管理的基本概念和过程阶段，并将这些概念与结构化方法的原理相结合，用来发现、报告、评估和响应事件，以及进行经验总结。

该标准给出的事件管理原理是通用的，适用于任何类型、规模或性质的组织。组织可根据其业务的类型、规模和性质，关联信息安全风险状况，调整该标准给出的指南。该标准也适用于提供信息安全事件管理服务的外部组织。

该标准首先明确了信息安全事态、信息安全事件、威胁、脆弱性、信息资产及运行的关系，如下图所示。

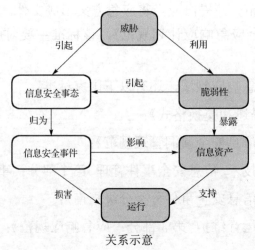

关系示意

标准重点说明了信息安全事件管理的 5 个阶段，包括：规划和准备、发现和报告、评估和决策、响应、经验总结，各阶段的主要工作如下。

① 规划和准备

在本阶段，主要开展以下工作：

- 信息安全事件管理策略和最高管理者的承诺；
- 在公司层面及系统、服务和网络层面更新信息安全策略；
- 信息安全事件管理方案制定；
- 事件响应小组的建立；
- 与内部和外部组织联络；
- 技术及其他方面（包括组织和运行方面）的支持；
- 信息安全事件管理的意识教育和培训；
- 信息安全事件管理计划的测试。

② 发现和报告

在本阶段，主要开展以下工作：

- 从本地环境、外部数据和新闻报道中收集态势感知信息；
- 监视系统和网络；
- 发现异常、可疑或恶意活动并报警；
- 从使用方、供应商和其他事件响应小组或安全组织，以及自动传感器收集信息安全事态报告；
- 报告信息安全态势。

③ 评估和决策

在本阶段，主要开展的工作是：信息安全事态评估和信息安全事件判断。

④ 响应

在本阶段，主要开展以下工作：

- 通过调查，对信息安全事件是否在可控范围内进行判断；
- 信息安全事件的遏制和根除；
- 从信息安全事件中恢复；
- 信息安全事件的解决和关闭。

⑤ 经验总结

在本阶段，主要开展以下工作：

- 经验教训的总结；

- 信息安全事件的总结和改进；
- 信息安全风险评估和管理评审结果的总结和改进；
- 信息安全事件管理计划的总结和改进；
- 事件响应小组表现和有效性的评价。

信息安全事件管理的 5 个阶段示意图如下所示。

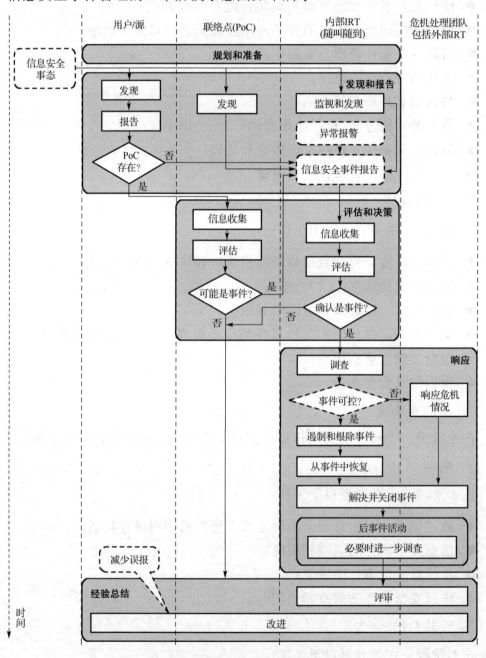

信息安全事件管理的 5 个阶段示意图

(2)《信息技术服务 运行维护 第 3 部分：应急响应规范》

《信息技术服务 运行维护》是关于信息系统运行维护的一系列标准，目前已经发布了 3 个标准，分别是：

《信息技术服务 运行维护 第 1 部分：通用要求》；

《信息技术服务 运行维护 第 2 部分：交付规范》；

《信息技术服务 运行维护 第 3 部分：应急响应规范》。

在《信息技术服务 运行维护 第 3 部分：应急响应规范》中，主要规定了应急响应的主要阶段及每个阶段的工作内容。

该标准提出运行维护服务中的应急响应的过程包括 4 个阶段，分别是：应急准备、监测与预警、应急处置、总结改进。每个阶段的工作内容规定如下。

① 应急准备

在本阶段，主要开展以下工作：

- 建立应急响应组织；
- 制定应急响应制度；
- 风险评估与改进；
- 划分应急事件级别(参考要素、级别划分)；
- 应急响应预案制定(预案制定与评审、预案发布)；
- 培训与演练。

② 监测与预警

在本阶段，主要开展以下工作：

- 日常监测与预警(包括范围、手段与工具、记录与报告)；
- 核实与评估(包括核实、事件级别评估)；
- 应急预案启动(包括预案启动、信息通报、监测与预警状态的调整)。

③ 应急处置

在本阶段，主要开展以下工作：

- 应急调度；
- 排查与诊断(包括基本流程、问题沟通与确认)；
- 处理与恢复；

- 事件升级(包括升级、信息通报);
- 事件关闭(包括申请、核实、调查取证、关闭通报)。

④ 总结改进

在本阶段,主要开展以下工作:

- 应急工作总结;
- 应急工作审核;
- 应急工作改进。

该标准还规定了应急事件级别划分要素和定级步骤,并给出了应急响应各阶段的工作内容与日常工作、故障响应、重点时段保障等不同类型活动的对应关系。

3.2 网络安全应急响应的常用模型

从不同的角度出发,应急响应也有多种参考模型。这些模型都是网络安全工作者结合大量应急响应实践总结出来的,可以有效指导应急响应工作的规划和实施,帮助找准问题,避免疏漏。需要说明的是,这些模型并不是僵化的理论,应急响应的实践工作也不必严格遵循某一模型展开。这些模型只是为研究问题、分析问题和解决问题提供参考。

1. 网络安全滑动标尺模型

网络安全滑动标尺模型是 SANS 公司的研究员在 2015 年 8 月发表的一份白皮书《网络安全滑动标尺模型》中建立的。它共包含五大类别,分别为基础架构(Architecture)、被动防御(Passive Defense)、积极防御(Active Defense)、威胁情报(Intelligence)和反制进攻(Offense)。

这个理论把网络安全的行动措施和资源投入进行了分类,可以让机构、企业很方便地辨识自己所处的阶段,以及应该采取的措施和投入。对网络安全从业者来说,它可以帮助我们审视自己产品和服务的布局。该模型的提出帮助机构、企业对其自身的网络安全能力进行了更加细致的划分,利于安全事件根本原因的洞察和分析,以指导网络安全领域建设规划和投资计划。

下图展现了这五大类别的特征,每个阶段之间具有连续性关系,并且是动态演进的。

网络安全滑动标尺模型

网络安全滑动标尺模型将安全能力划分为五个逐步进化的能力,期望用户和决策者理解,为了让安全建设投资更合理、回报率更高,应该按照滑动标尺从左向右的顺序进行建设,以下分别进行简要说明。

① 基础架构:在系统规划、建设和维护的过程中我们应该充分考虑安全要素,确保这些安全要素被设计到系统中,从而构建一个安全要素齐全的基础架构。

② 被动防御:建立在基础架构安全的基础上,目的是假设攻击者存在的前提下,保护系统的安全。在无人员介入的情况下,附加在系统架构之上可提供持续的威胁防御或威胁洞察力的系统。

③ 积极防御:分析人员开始介入,并对网络内的威胁进行监控、响应、学习和应用知识(理解)的过程。

④ 威胁情报:收集数据,将数据转换为信息,并将信息生产加工为评估结果,以填补已知知识缺口的过程。

⑤ 反制进攻:在友好网络之外对攻击者采取的直接行动(按照国内网络安全法律要求,对于企业来说主要是通过法律手段对攻击者进行反击)。

2. 自适应安全架构模型

自适应安全架构模型是 Gartner 在 2014 年提出的,面向未来的下一代安全架构。自适应安全架构模型从防御、检测、响应和预测四个维度,强调安全防护是一个持续处理的、循环的过程，细粒度、多角度、持续化地对安全威胁进行了实时动态分析，自动适应不断变化的网络和威胁环境，并不断优化自身的安全防御机制。

该模型的提出是为了解决当前机构、企业的防护功能难以应对高级定向攻击的问题。首先，机构、企业系统遭到持续攻击时，缺乏持续防御力；其次，传统安全体系框架在面对新的威胁和攻击时已经显得力不从心；再次，"应急响应"的方式已不再是面向持续高级攻击的正确思维模式。因此，Gartner 提出了如下图所示的自适应安全架构模型来应对高级定向攻击。

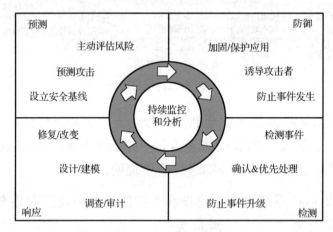

自适应安全架构模型

集防御、检测、响应和预测于一体的自适应安全架构，以智能、集成和联动的方式应对各类攻击，而非各自为战、毫无互动。尤其对于高级威胁，自适应系统需要持续完善保护功能。下面对自适应安全架构模型的四大能力进行简要说明。

① 防御能力：通过技术、产品和服务等方式来防御攻击。目标是通过减少被攻击面来提升攻击门槛，并在业务系统受影响前拦截攻击。

② 检测能力：假设机构、企业自身已处在被攻击状态中，用来发现那些逃过防御网络的攻击。目标是降低威胁造成的"停摆时间"及其他潜在的损失。

③ 响应能力：用于高效调查和补救被检测分析功能（或外部服务）查出的事务。目的是提供入侵认证和攻击来源分析，并提出新的预防手段来避免未来事故的发生。

④ 预测能力：通过防御、检测、响应结果不断优化基线系统，逐渐精准预测未知的、新型的攻击。主动锁定对现有系统和信息具有威胁的新型攻击，并

对漏洞划定优先级和定位。该情报将反馈到防御和检测功能，从而构成整个处理流程的闭环。

深入理解并合理应用自适应安全架构模型，将有助于机构、企业构建新型网络安全防御体系，提升网络安全主动防御能力，最终达到安全的可管、可控、可视、可调度、可持续。

3. 网络杀伤链和反杀伤链模型

网络杀伤链模型是由洛克希德·马丁公司在 2011 年首次提出的，用来描述针对性攻击的各个阶段。"网络杀伤链"概念主要是参考军事上的杀伤链——对军事目标的探测到破坏的整个处理过程，反观网络攻击也要经过类似的、连续的过程。若防御者能够成功阻止某一阶段的攻击，那么攻击者下一个阶段的攻击活动就会受到相应限制。

从防范与溯源的角度看，网络杀伤链模型中的每一个阶段或环节，都是安全人员做出侦测和反应的机会，不同的环节也对应了不同的侦测与响应措施。这个模型给安全人员分析安全事件、构建防护框架提供了参考依据。网络杀伤链模型如下图所示。

阶段	说明
侦察	● 探测、识别及确定攻击目标
武器化	● 利用自动化工具，准备网络武器
散布	● 将网络武器向目标系统散布
恶用	● 启动网络武器
设置	● 在目标系统设置恶意程序
命令与控制	● 建立攻击途径
目标达成	● 达成预期目的(情报收集、系统破坏等)

网络杀伤链模型

另外，在网络杀伤链模型里越早阻止攻击，修复的成本和时间损耗就越低。下面对网络杀伤链模型的 7 步模型进行简要说明。

① 侦察：攻击者选择目标，对其进行研究，搜寻目标的弱点。具体手段有收集钓鱼攻击用的登录信息等。

② 武器化：攻击者创建针对一个或多个漏洞，定制的远程访问恶意软件武器，如病毒或蠕虫。

③ 散布：将网络武器包向目标投递，如发送一封带有恶意链接的欺诈邮件。

④ 恶用：在受害者的系统上运行利用代码。

⑤ 设置：在目标位置安装恶意软件。

⑥ 命令与控制：为攻击者建立可远程控制目标系统的路径。

⑦ 目标达成：攻击者远程完成其预期目标。

网络杀伤链模型可以拆分每个攻击阶段，从而实现识别和阻止功能，但是请注意，攻击策略是可以改变的，并不是所有攻击都是按照这7步严格执行的。

那么，有了杀伤链，自然就有反杀伤链。网络反杀伤链模型主要有：发现、定位、跟踪、瞄准、打击、评估6步。

① 发现：基于特征匹配、虚拟执行、异常行为的检测，可以构建一个较为完整的检测体系。实际上，就是我们常说的安全检测。

② 定位：包含时间和空间两个层面。时间定位是判断攻击发起、持续的时间，也就是入侵攻击的杀伤链进行到第几个阶段；空间定位则是判断攻击者所处的位置，包括在网络内的入侵深度和广度，可能的话还应该包括入侵入口位置。

③ 跟踪：在完成定位后，防护者需要根据定位信息，判断是否进行跟踪，以获取更多的入侵信息，从而进一步完善整个杀伤链场景。

④ 瞄准：瞄准实际和杀伤链第2步的武器化类似，也就是我们需要确定采取何种手段、何种工具进行阻断和反击，还有就是确定打击点，以确保能"一击致命"。

⑤ 打击：通过瞄准阶段确定的各种技术手段拦截、阻断入侵者的通信控制，定点清除植入的恶意程序、封锁 IP，或是采取访问控制措施阻断其进入敏感区域等。当然，在跟踪和瞄准阶段获取信息足够多的情况下，还可以进行反制，进行反向溯源或借助法律等途径进行"反向打击"。

⑥ 评估： 方面是要确认是否达到了预期的打击效果，即我们的打击手段是否能保证完全截断攻击者的杀伤链；另一方面是要总结经验，包括将对应的杀伤链场景进行分析、建档，并纳入相应的威胁情报库中，找到整个反杀伤链运作中的不足之处，加以优化修正。

对应杀伤链，反杀伤链一般在杀伤链的第3到第6步起作用。目前，反杀伤链的较高拦截成功率停留在第 5 步、第 6 步。而第 3 步、第 4 步的防御，也将成为之后的重点。

4. 钻石模型

钻石模型是由塞尔吉奥·卡尔塔吉龙在 2013 年提出的，是一个针对网络入侵攻击的分析模型。该模型认为无论是何种入侵活动，其基本元素都是一个个的事件，而每个事件有 4 个基本元素，即对手、受害者、功能及基础设施。4 个基本元素间用连线表示相互间的基本关系，并按照菱形排列，从而形成类似"钻石"形状的结构，因此称为"钻石模型"。

事件元素中还包括元特征，以及扩展特征。元特征描述了元素互相作用的时间先后、在攻击链中的阶段、结果是否成功、方向、手段、所用资源等；扩展特征主要是指社会—政治(对手和受害者之间的)和技术能力(用于确保功能和基础设施的可操作性)两个重要的特征。

钻石模型提供了一个方法，实现将情报集成到分析平台中，基于攻击者的活动来进行事件的关联、分类，并进行预测，同时计划和实施威胁处置策略，从而降低防御者的付出，增加攻击者的成本。钻石模型如下图所示。

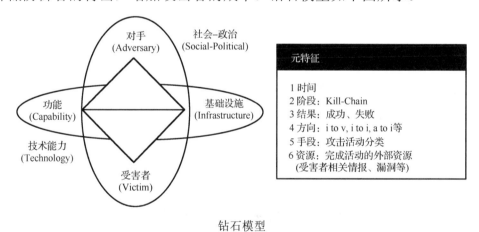

钻石模型

通常情况下，将对手和受害者划入一个象限，以此来思考攻击者和受害者的关联关系。将功能和基础设施划入一个象限，以此来思考技术能力上的关联关系。通过人的关联和技术能力(习惯手法)的关联对攻击者进行画像及定位更多受控设备。

简单来说，钻石模型可以解释攻击者(对手)运用基础设施(IP、域名等)，通过掌握的技术能力，攻击受害者。受害者在受到攻击后，以自己为支点，将功能和基础设施联系起来，通过攻击路径翻转找到攻击者。因此，可以将每个事件理解为对"对手在哪些基础设施上部署了哪些针对受害者的入侵攻击能力"的结构化描述。4个基本元素的功能如下。

① 对手：关于对手的信息一般难以掌握，特别是在刚发现的时候，会简单地将对手的活动当作对手。但在某些情况下(如 APT 攻击)区别两者是非常重要的，有利于了解其目的、归属、适应性和持久性。

② 功能：功能描述了事件中使用的工具或者技术。可以包括最原始的手工方法(社会工程学)，也可以是高度复杂的自动化攻击方法，所有已披露的漏洞应该属于其中的一部分。

③ 基础设施：基础设施描述了攻击者用来传递"功能"的物理或逻辑结构，如 IP 地址、域名、邮件地址或者某个 USB 设备等。基础设施有两种类型：一类是攻击者完全控制及拥有的；另一类是短时间控制的，如僵尸主机、恶意网址、攻击跳跃点、失陷的账号等，它们很可能会混淆恶意活动的起源和归属。

④ 受害者：描述了受害者的通用分类，如行业、市场、组织或人物，以及受害者遭到攻击的资产的具体分类。在有针对性的攻击案例中，受害者通常是被对手利用的基础设施中的一部分。例如，如果对手试图入侵一个针对性很强的组织，其往往会首先入侵一个目标组织已使用的，且易受攻击的 Web 服务器。接下来，可以在该网站上进行"水坑"攻击，以便在该组织中获得初步的立足点。通过凭证滥用(如暴力破解密码等)，横向渗透扩展到可用的系统上去，最终获得域管理员权限。

3.3 网络安全应急响应的常用方法

1. 机构、企业网络安全应急响应应具备的能力

网络安全事件时有发生，其中重大、特别重大的网络安全事件也随时有可能发生。因此，我们必须做好应急准备工作，建立快速、有效的现代化应急协同机制，确保一旦发生网络安全事件，能够快速根据相关信息，进行组织研判，迅速指挥调度相关部门执行应急预案，做好应对，避免给机构、企业、社会和国家造成重大影响和重大损失。

机构、企业网络安全应急响应应具备以下能力。

(1)数据采集、存储和检索能力

① 能对全流量数据协议进行还原；

② 能对还原的数据进行存储；

③ 能对存储的数据快速检索。

(2) 事件发现能力

① 能发现 APT 攻击；

② 能发现 Web 攻击；

③ 能发现数据泄露；

④ 能发现失陷主机；

⑤ 能发现弱口令及企业通用口令；

⑥ 能发现主机异常行为。

(3) 事件分析能力

① 能进行多维度关联分析；

② 能还原完整杀伤链；

③ 能结合具体业务进行深度分析。

(4) 事件研判能力

① 能确定攻击者的动机及目的；

② 能确定事件的影响面及影响范围；

③ 能确定攻击者的手法。

(5) 事件处置能力

① 能第一时间恢复业务正常运行；

② 能对发现的病毒、木马进行处置；

③ 能对攻击者所利用的漏洞进行修复；

④ 能对问题机器进行安全加固。

(6) 攻击溯源能力

① 具备安全大数据能力；

② 能根据已有线索(IP、样本等)对攻击者的攻击路径、攻击手法及背后组织进行还原。

2. PDCERF(6阶段)方法

PDCERF方法最早于1987年提出，该方法将应急响应流程分成准备阶段、检测阶段、抑制阶段、根除阶段、恢复阶段、总结阶段等6个阶段的工作。并根据应急响应总体策略对每个阶段定义适当的目的，明确响应顺序和过程。

但是，PDCERF方法不是安全事件应急响应唯一的方法。在实际应急响应过程中，不一定严格存在这6个阶段，也不一定严格按照这6个阶段的顺序进行。但它是目前适用性较强的应急响应通用方法。PDCERF方法如下图所示。

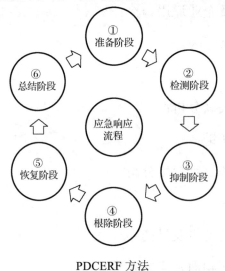

PDCERF方法

(1) 准备阶段

此阶段以预防为主。主要工作涉及识别机构、企业的风险、建立安全政策、建立协作体系和应急制度。按照安全政策配置安全设备和软件，为应急响应与恢复准备主机。通过网络安全措施，进行一些准备工作，例如，扫描、风险分析、打补丁等。如有条件且得到许可，可建立监控设施，建立数据汇总分析的体系，制定能够实现应急响应目标的策略和规程，建立信息沟通渠道，建立能够集合起来处理突发事件的体系。

(2) 检测阶段

检测阶段主要检测事件是已经发生还是正在进行中，以及事件产生的原因和性质。确定事件性质和影响的严重程度，预计采用什么样的专用资源来修复。

选择检测工具，分析异常现象，提高系统或网络行为的监控级别，估计安全事件的范围。通过汇总，确定是否发生了全网的大规模事件，确定应急等级，决定启动哪一级应急方案。

一般典型的事故现象包括：

① 账号被盗用；

② 骚扰性的垃圾信息；

③ 业务服务功能失效；

④ 业务内容被明显篡改；

⑤ 系统崩溃、资源不足。

(3) 抑制阶段

抑制阶段的主要任务是限制攻击/破坏波及的范围，同时也是在降低潜在的损失。所有的抑制活动都是建立在能正确检测事件的基础上的，抑制活动必须结合检测阶段发现的安全事件的现象、性质、范围等属性，制定并实施正确的抑制策略。

抑制策略通常包含以下内容：

① 完全关闭所有系统；

② 从网络上断开主机或断开部分网络；

③ 修改所有的防火墙和路由器的过滤规则；

④ 封锁或删除被攻击的登录账号；

⑤ 加强对系统或网络行为的监控；

⑥ 设置诱饵服务器进一步获取事件信息；

⑦ 关闭受攻击的系统或其他相关系统的部分服务。

(4) 根除阶段

根除阶段的主要任务是通过事件分析找出根源并彻底根除，以避免攻击者再次使用相同的手段攻击系统，引发安全事件。并加强宣传，公布危害性和解决办法，呼吁用户解决终端问题。加强监测工作，发现和清理行业与重点部门问题。

(5) 恢复阶段

恢复阶段的主要任务是把被破坏的信息彻底还原到正常运作状态。确定使系统恢复正常的需求和时间表，从可信的备份介质中恢复用户数据，打开系统和应用服务，恢复系统网络连接，验证恢复系统，观察其他的扫描，探测可能表示入侵者再次侵袭的信号。一般来说，要想成功地恢复被破坏的系统，需要有干净的备份系统，编制并维护系统恢复的操作手册，而且在系统重装后需要对系统进行全面的安全加固。

(6) 总结阶段

总结阶段的主要任务是回顾并整合应急响应过程的相关信息，进行事后分析总结和修订安全计划、政策、程序，并进行训练，以防止入侵再次发生。基于入侵的严重性和影响，确定是否进行新的风险分析，给系统和网络资产制作一个新的目录清单。这一阶段的工作对于准备阶段工作的开展起到重要的支持作用。

总结阶段的工作主要包括以下 3 方面的内容：

① 形成事件处理的最终报告；

② 检查应急响应过程中存在的问题，重新评估和修改事件响应过程；

③ 评估应急响应人员相互沟通在事件处理上存在的缺陷，以促进事后进行更有针对性的培训。

第2部分 Part 2 网络安全应急响应实践

第 4 章
建立网络安全应急响应体系

为提高机构和企业的网络与信息系统处理突发事件的能力,形成科学、有效、反应迅速的应急响应体系,减轻或消除突发事件的危害和影响,确保机构、企业信息系统安全运行,最大限度地减少网络与信息安全突发公共事件的危害,需要建立网络安全应急响应体系。

在应急响应的准备阶段,需要制定和实施安全防御策略、明确应急响应机制等。建立应急响应体系属于应急响应常用方法(PDCERF 方法)的准备阶段,即在事件真正发生前为应急响应做好预备性的工作。网络攻击事件频发,我们要做的是提高攻击成本,缩短响应时间,在不固定的时间点,做好应对安全事件的准备。提前做好准备工作既有助于减少网络安全事件的发生,又有助于网络安全突发事件的及时处理,可为机构、企业减少不必要的损失。

4.1 网络安全应急响应处置的事件类型

机构、企业受到攻击,绝大多数情况是因为互联网网站(DMZ 区)、办公区终端、核心重要业务服务器或邮件服务器等遭到了网络攻击,影响了系统运行和服务质量。

1. 网站安全

(1)网页被篡改

主要现象:首页或关键页面被篡改,出现各种不良信息,甚至出现反动信息。

主要危害:散布各类不良或反动信息,影响政府机构、企业声誉,降低公信力。

攻击方法:黑客利用 WebShell 等木马后门,对网页实施篡改。

攻击目的:宣泄对社会或政府的不满,炫技或挑衅"中招"机构、企业,对机构、企业进行敲诈勒索。

(2) 非法子页面

主要现象：网站存在赌博、色情、钓鱼等非法子页面。

主要危害：通过搜索引擎搜索相关网站，将出现赌博、色情等信息；通过搜索引擎搜索赌博、色情信息，也会出现相关网站；对于被植入钓鱼网页的情况，当用户访问相关钓鱼页面时，安全软件可能不会给出风险提示。

对于政府网站而言，出现该现象将严重影响政府的权威性及在民众中的公信力，挽回难度相对较大。

攻击方法：黑客利用 WebShell 等木马后门，对网站进行子页面的植入。

攻击目的：恶意网站的 SEO 优化，为网络诈骗提供"相对安全"的钓鱼页面。

(3) 网站 DDoS 攻击

主要现象：机构、企业网站无法访问或访问迟缓。

主要危害：网站业务中断，用户无法访问网站。特别是对政府官网而言，将影响民众网上办事，降低政府公信力。

攻击方法：黑客利用多类型 DDoS 技术对网站进行分布式拒绝服务攻击。

攻击目的：敲诈勒索政府或企业，企业间的恶意竞争，宣泄对网站的不满。

(4) CC 攻击

主要现象：网站无法访问，网页访问缓慢，业务异常。

主要危害：网站业务中断，用户无法访问网站，网页访问缓慢。

攻击方法：主要采用发起遍历数据攻击行为、发起 SQL 注入攻击行为、发起频繁恶意请求攻击行为等攻击方式进行攻击。

攻击目的：敲诈勒索，恶意竞争，宣泄对网站的不满。

(5) 网站流量异常

主要现象：异常现象不明显，偶发性流量异常偏高，且非业务繁忙时段也会出现流量异常偏高。

主要危害：尽管从表面上看，网站受到的影响不大，但实际上，网站已经处于被黑客控制的高度危险状态，各种有重大危害的后果都有可能发生。

攻击方法：黑客利用 WebShell 等木马后门，控制网站；某些攻击者甚至会以网站为跳板，对机构、企业的内部网络实施渗透。

攻击目的：对网站进行挂马、篡改、暗链植入、恶意页面植入、数据窃取等。

(6) 异常进程与异常外联

主要现象：操作系统响应缓慢，非繁忙时段流量异常，存在异常系统进程及服务，存在异常的外连现象。

主要危害：系统异常，系统资源耗尽，业务无法正常运作。同时，网站也可能会成为攻击者的跳板，或者是对其他网站发动 DDoS 攻击的攻击源。

攻击方法：使用网站系统资源对外发起 DDoS 攻击；将网站作为 IP 代理，隐藏攻击者，实施攻击。

攻击目的：长期潜伏，窃取重要数据信息。

(7) 网站安全总结及防护建议

① 常见攻击手段

以上 6 类网站安全威胁是机构、企业门户网站所面临的主要威胁，也是网站安全应急响应服务所要解决的主要问题。

通过对现场处置情况的汇总和分析可知，黑客主要采用以下攻击手段对网站实施攻击：

黑客利用门户网站 Tomcat、IIS 等中间件已有的漏洞，网站各类应用上传漏洞，弱口令及第三方组件或服务配置不当等，将 WebShell 上传至门户 Web 服务器，利用该 WebShell 对服务器进行恶意操作；

黑客利用已有漏洞上传恶意脚本，如上传挖矿木马等，造成网站运行异常；

黑客利用多类型 DDoS 攻击技术（SYN Flood、ACK Flood、UDP Flood、ICMP Flood 等），对网站实施 DDoS 攻击；

黑客发起遍历数据攻击、SQL 注入攻击、频繁恶意请求攻击等攻击方式进行攻击。

② 安全防护建议

针对网站面临的安全威胁及可能造成的安全损失，机构、企业应采取以下安全防护措施：

针对网站，建立完善的监测预警机制，及时发现攻击行为，启动应急预案，并对攻击行为进行防护；

有效加强访问控制 ACL 策略，细化策略粒度，按区域、按业务严格限制各网络区域及服务器之间的访问，采用白名单机制只允许开放特定的业务必要端口，其他端口一律禁止访问，仅管理员 IP 可对管理端口进行访问，如 FTP、数据库服务、远程桌面等管理端口；

配置并开启网站应用日志，对应用日志进行定期异地归档、备份，避免在攻击行为发生时，无法对攻击途径、行为进行溯源等，加强安全溯源能力；

加强入侵防御能力，建议在网站服务器上安装相应的防病毒软件或部署防病毒网关，即时对病毒库进行更新，并且定期进行全面扫描，加强入侵防御能力；

定期开展对网站系统、应用及网络层面的安全评估、渗透测试、代码审计工作，主动发现目前存在的安全隐患；

建议部署全流量监测设备，及时发现恶意网络流量，同时可进一步加强追踪溯源能力，在安全事件发生时提供可靠的追溯依据；

加强日常安全巡检制度，定期对系统配置、网络设备配置、安全日志及安全策略落实情况进行检查，常态化网络安全工作。

2. 终端安全

(1) 运行异常

主要现象：操作系统响应缓慢，非繁忙时段流量异常，存在异常系统进程及服务，存在异常的外连现象。

主要危害：终端被攻击者远程控制，机构、企业的敏感、机密数据可能被窃取。个别情况下，会造成比较严重的系统数据破坏。

攻击方法：针对机构、企业办公区终端的攻击，很多情况下是由高级攻击者发动的，而高级攻击者的攻击行动往往动作很小，技术也更隐蔽，所以通常情况下并没有太多的异常现象，被攻击者往往很难发觉。

攻击目的：长期潜伏，收集信息，以便于进一步渗透；窃取重要数据并外传；使用终端资源对外发起 DDoS 攻击。

(2) 勒索病毒

主要现象：内网终端出现蓝屏、反复重启和文档被加密的现象。

主要危害：机构、企业向攻击者支付勒索费用，造成内网终端无法正常运行，数据可能泄露。

攻击方法：通过弱口令探测、软件和系统漏洞、传播感染等攻击方式，使内网终端感染勒索病毒。

攻击目的：向机构、企业勒索钱财，以达到获利目的。

(3) 终端 DDoS 攻击

主要现象：内网终端不断进行外网恶意域名的请求。

主要危害：造成内网终端资源的浪费。攻击者可能对内网进行攻击，造成业务中止、数据泄露等。

攻击方法：可通过网络连接、异常进程、系统进程注入可疑 DLL 模块及异常启动项等。

攻击目的：使用机构、企业的内网终端资源对外发起 DDoS 攻击，以达到敲诈、勒索及恶意竞争等目的。

(4) 终端安全总结及防护建议

① 常见攻击手段

以上 3 类终端安全威胁是机构、企业内网终端所面临的主要威胁，也是终端安全应急响应所要解决的主要问题。

通过对现场处置情况的汇总和分析可知，黑客主要采用以下攻击手段对终端实施攻击：

通过弱口令暴力破解、软件和系统漏洞、社会工程学及其他攻击手段，使内网终端感染病毒；

通过网络连接、异常进程、系统进程注入可疑 DLL 模块及异常启动项等多种方式进行攻击。

② 安全防护建议

针对内网终端所面临的安全威胁及可能造成的安全损失，机构、企业应采取以下安全防护措施：

定期给终端系统及软件安装补丁，防止因为漏洞利用带来的攻击；

采用统一的防病毒软件，并定时更新，抵御常见木马病毒；

在网络层面采用能够对全流量进行持续存储和分析的设备,对已知安全事件进行定位溯源,对未知的高级攻击进行发现和捕获;

完善机构、企业内部的 IP 和终端位置信息关联,并记录到日志中,方便根据 IP 直接定位机器位置;

加强员工对终端安全操作和管理的培训,提高员工安全意识。

3. 服务器安全

(1) 运行异常

主要现象:操作系统响应缓慢,非繁忙时段流量异常,存在异常系统进程及服务,存在异常的外连现象。

主要危害:服务器被攻击者远程控制,机构、企业的敏感、机密数据可能被窃取。个别情况下,会造成比较严重的系统数据破坏。

攻击方法:针对机构、企业服务器的攻击,很多情况下是由高级攻击者发动的,攻击过程往往更加隐蔽,难以被发现,技术也更隐蔽。通常情况下并没有太多的异常现象。

攻击目的:长期潜伏,收集信息,以便于进一步渗透。窃取重要数据并外传。使用服务器资源对外发起 DDoS 攻击。

(2) 木马病毒

主要现象:服务器无法正常运行或异常重启,管理员无法正常登录进行管理,重要业务中断,服务器响应缓慢等。

主要危害:服务器被攻击者远程控制,机构、企业的敏感、机密数据可能被窃取。个别情况下,会造成比较严重的系统数据破坏。

攻击方法:黑客通过弱口令探测、系统漏洞、应用漏洞等攻击方式,种植恶意病毒进行攻击。

攻击目的:利用内网服务器资源进行虚拟货币的挖掘,从而赚取相应的虚拟货币,以达到获利目的。

(3) 勒索病毒

主要现象:内网服务器文件被勒索软件加密,无法打开,索要天价赎金。

主要危害:用户无法打开文件,机构、企业向攻击者支付勒索费用;造成内网服务器无法正常运行;数据可能泄露。

攻击方法：通过利用弱口令探测、共享文件夹加密、软件和系统漏洞、数据库暴力破解等攻击方式，使内网服务器感染勒索病毒。

攻击目的：通过使服务器感染勒索病毒，向机构、企业勒索钱财，以达到获利目的。

(4) 服务器 DDoS 攻击

主要现象：向外网发起大量异常网络请求、恶意域名请求等。

主要危害：严重影响内网服务器性能，如影响服务器 CPU 及带宽等，导致服务器上的业务无法正常运行。攻击者可能窃取内网数据，造成数据泄露等。

攻击方法：黑客可能利用弱口令、系统漏洞、应用漏洞等系统缺陷，通过种马的方式，让服务器感染 DDoS 木马，以此发起 DDoS 攻击。

攻击目的：使用机构、企业的内网服务器对外发起 DDoS 攻击，以达到敲诈、勒索及恶意竞争等目的。

(5) 服务器安全总结及防护建议

① 常见攻击手段

以上 4 类服务器安全威胁是机构、企业内网服务器所面临的主要威胁，也是服务器安全应急响应服务所要解决的主要问题。

通过对现场处置情况的汇总和分析可知，黑客主要采用以下攻击手段对服务器实施攻击：

通过弱口令探测、共享文件夹加密、软件和系统漏洞、数据库暴力破解及 WebShell 等多种攻击方式，感染内网服务器勒索病毒；

黑客利用弱口令、系统漏洞、应用漏洞等系统缺陷，通过种马的方式，让服务器感染各类木马（如挖矿木马、DDoS 木马等），以此实现攻击目的。

② 安全防护建议

针对内网服务器所面临的安全威胁及可能造成的安全损失，机构、企业应采取以下安全防护措施：

及时清除发现的 WebShell 后门、恶意木马文件、挖矿程序，在不影响系统正常运行的前提下，建议重新安装操作系统，并重新部署应用，以保证恶意程序被彻底清理；

对受害内网机器进行全盘查杀，可进行全盘重装系统，同时该机器所属使用者的相关账号、密码信息应及时更改；

系统相关用户杜绝使用弱口令，应设置高复杂强度的密码，尽量包含大小写字母、数字、特殊符号等，加强运维人员安全意识，禁止密码重用情况的出现；

有效加强访问控制 ACL 策略，细化策略粒度，按区域、按业务严格限制各个网络区域及服务器之间的访问，采用白名单机制，只允许开放特定的业务必要端口，其他端口一律禁止访问，仅管理员 IP 可对管理端口进行访问，如远程桌面等管理端口；

禁止服务器主动发起外部连接请求，对于需要向外部服务器推送共享数据的情况，应使用白名单的方式，在出口防火墙加入相关策略，对主动连接 IP 范围进行限制；

加强入侵防御能力，建议在服务器上安装相应的防病毒软件或部署防病毒网关，及时对病毒库进行更新，并且定期进行全面扫描，加强入侵防御能力；

建议增加流量监测设备的日志存储周期记录，定期对流量日志进行分析，及时发现恶意网络流量，同时可进一步加强追踪溯源能力，在安全事件发生时可提供可靠的追溯依据；

定期开展对服务器系统、应用及网络层面的安全评估、渗透测试、代码审计工作，主动发现目前系统、应用中存在的安全隐患；

加强日常安全巡检制度，定期对系统配置、网络设备配置、安全日志及安全策略落实情况进行检查，常态化网络安全工作。

4. 邮箱安全

(1) 邮箱异常

主要现象：邮箱异常，邮件服务器发送垃圾邮件。

主要危害：严重影响邮件服务器性能，邮箱运行异常。

攻击方法：黑客通过多渠道获取员工邮箱密码，进而登录邮箱系统进行垃圾邮件发送操作。

攻击目的：炫技或挑衅"中招"单位。向机构、企业勒索钱财，以达到获利目的。

(2) 邮箱 DDoS 攻击

主要现象：无法正常发送邮件，服务器宕机。

主要危害：邮件服务器业务中断，用户无法正常发送邮件。

攻击方法：黑客对邮件服务器进行邮箱暴力破解，发送大量垃圾数据包，投递大量恶意邮件等。

攻击目的：通过 DDoS 攻击导致邮件服务器资源耗尽并拒绝服务，以达到敲诈、勒索及恶意竞争等目的。

(3) 邮箱安全总结及防护建议

① 常见攻击手段

以上两类邮箱安全威胁，是机构、企业邮箱所面临的主要威胁，也是邮箱安全应急响应服务所要解决的主要问题。

通过对现场处置情况的汇总和分析可知，黑客主要采用以下攻击手段对邮箱实施攻击：

通过弱口令探测、社会工程学等多种攻击方式控制邮件服务器，从而发送垃圾邮件；

对邮件服务器进行邮箱暴力破解、发送垃圾数据包、投递恶意邮件等。

② 安全防护建议

针对邮箱所面临的安全威胁及可能造成的安全损失，机构、企业应采取以下安全防护措施：

邮箱系统使用高复杂强度的密码，尽量包含大小写字母、数字、特殊符号等，禁止密码重用情况的出现；

邮箱系统建议开启短信验证功能，采用双因子身份验证识别措施，将有效提高邮箱账号的安全性；

邮箱系统开启 HTTPS 协议，通过加密传输的方式防止旁路数据遭遇窃听攻击；

加强日常攻击监测预警、巡检、安全检查等工作，及时阻断攻击行为；

部署安全邮件网关，进一步加强邮件系统安全。

4.2 网络安全应急响应事件的损失划分

网络安全应急响应事件的损失是指由于网络安全事件对系统的软/硬件、功能及数据造成破坏，导致系统业务中断，从而给事发组织造成的损失。其损失大小主要考虑恢复系统正常运行和消除安全事件负面影响所需付出的代价，可划分为特别严重的系统损失、严重的系统损失、较大的系统损失和较小的系统损失。

1. 特别严重的系统损失

造成系统大面积瘫痪，使其丧失业务处理能力，或系统关键数据的保密性、完整性、可用性遭到严重破坏，恢复系统正常运行和消除安全事件负面影响所需付出的代价十分巨大，对于事发组织是不可承受的。

2. 严重的系统损失

造成系统长时间中断或局部瘫痪，使其业务处理能力受到极大影响，或系统关键数据的保密性、完整性、可用性遭到破坏，恢复系统正常运行和消除安全事件负面影响所需付出的代价巨大，但对于事发组织是可承受的。

3. 较大的系统损失

造成系统中断，明显影响系统效率，使重要信息系统或一般信息系统业务处理能力受到影响，或系统重要数据的保密性、完整性、可用性遭到破坏，恢复系统正常运行和消除安全事件负面影响所需付出的代价较大，但对于事发组织是完全可以承受的。

4. 较小的系统损失

造成系统短暂中断，影响系统效率，使系统业务处理能力受到影响，或系统重要数据的保密性、完整性、可用性受到影响，恢复系统正常运行和消除安全事件负面影响所需付出的代价较小。

4.3 网络安全应急响应事件的等级划分

可根据事件本身、影响范围、危害程度、商业价值几个维度进行综合评分，确定应急响应事件的等级。一般分为四级，分别是：特别重大事件(红色等级)、重大事件(橙色等级)、较大事件(黄色等级)、一般事件(蓝色等级)。各级别的突发安全事件具体描述如下。

应急响应——网络安全的预防、发现、处置和恢复

1. 特别重大事件（红色等级）

本级突发安全事件对计算机系统或网络系统所承载的业务、事发单位利益及社会公共利益有灾难性的影响或破坏，对社会稳定和国家安全产生灾难性的危害。例如，丢失绝密信息的安全事件；对国家安全造成重要影响的安全事件；业务系统中断八小时以上或者资产损失达到1000万元以上的安全事件。

符合下述任意条件，则需要上报单位领导决策：

① 网站首页无法显示或被恶意篡改；

② 网站无法登录；

③ 网站全部业务无法进行。

2. 重大事件（橙色等级）

本级突发安全事件对计算机系统或网络系统所承载的业务、事发单位利益及社会公共利益有极其严重的影响或破坏，对社会稳定、国家安全造成严重危害。例如，丢失机密信息的安全事件；对社会稳定造成重要影响的安全事件；业务系统中断八小时以内或者资产损失达到300万元以上的安全事件。

符合下述任意条件，则需要上报单位领导决策：

① 网站部分业务无法进行；

② 系统访问异常缓慢；

③ 部分用户无法登录。

3. 较大事件（黄色等级）

本级突发安全事件对计算机系统或网络系统所承载的业务、事发单位利益及社会公共利益有较为严重的影响或破坏，对社会稳定、国家安全产生一定危害。例如，丢失秘密信息的安全事件；对事发单位正常工作和形象造成影响的安全事件；业务系统中断四小时以内或者资产损失达到50万元以上的安全事件。

安全事件暂时不会影响业务系统，但存在一定的隐患，需要准确定位并处理。

4. 一般事件（蓝色等级）

本级突发安全事件对计算机系统或网络系统所承载的业务及事发单位利益有一定的影响或破坏，或者基本没有影响和破坏。例如，丢失工作秘密的安全事件；只对事发单位部分人员的正常工作秩序造成影响的安全事件；业务系统

中断两小时以内或者资产损失仅在 50 万元以内的安全事件。

安全事件对业务没有任何影响,但需要人工加以处理。事件出现下列情况时,考虑划分等级升级:

① 三小时内未能做出明确问题判断和处理方案;

② 经过分析有产生严重一级事件的可能性;

③ 处理过程中出现严重问题。

4.4 建立网络安全应急响应的组织体系

网络安全应急响应通常由一个应急响应组织负责提供,应急响应组织可以是正式的、固定的,也可以是因网络安全事件的发生而临时组建的。对于国家来说,一般要设立专门的网络安全应急响应机构;对于大部分企业来说,可由内部网络安全相关部门负责应急响应的组织工作,不必设置专门的应急响应岗位,但是职责的负责人一定要事先明确。应急响应组织工作涵盖接收、复查、响应各类安全事件报告和活动,并进行相应的协调、研究、分析、统计和处理工作,甚至还可提供安全培训、入侵检测、渗透测试或程序开发等服务,其组织体系的设计要保障网络安全事件发生后,应急响应的及时到位、快速有效。

一般情况下,机构、企业的应急响应工作和网络安全保障工作在组织上是合一的。应急响应工作的组织体系包括内部协调和外部协调。内部协调的对象主体是机构、企业内部组建的网络安全应急响应领导小组(或决策中心)、网络安全保障与应急响应办公室(以下简称"应急办")、相关业务线或受影响的业务部门、各专项保障组,以及技术专家组、顾问组、市场公关组;外部协调的对象主体包括各相关政府部门、业务关联方、供应商(包括相关的设备供应商、软件供应商、系统集成商、服务提供商等)、专业安全服务厂商等。

值得注意的是,如果机构、企业的网络安全突发事件和经营业务的合作方、关联方有密切关系,那么应急办需考虑与合作方、关联方的协调,双方的法人主体地位是平等的,双方应保持密切沟通。其次,由于通常机构、企业的高级安全人才缺乏,在出现重大安全事件之后,还要考虑引入专业安全服务厂商力量,因为专业安全服务厂商的安全专家应对高级别的网络黑客行为和网络攻击更有经验,在使用工具与制定策略上会更具优势。

另外,还要为机构、企业的网络安全应急响应领导小组设置市场公关职能,因为在新媒体日益普及的环境下，机构、企业越来越重视公共舆论的传播，一旦内部网络发生安全事件，机构、企业一般会在新媒体官方账户上与公众互动，发布机构、企业应急响应的动态信息等。网络安全应急响应组织体系示意图如下图所示。

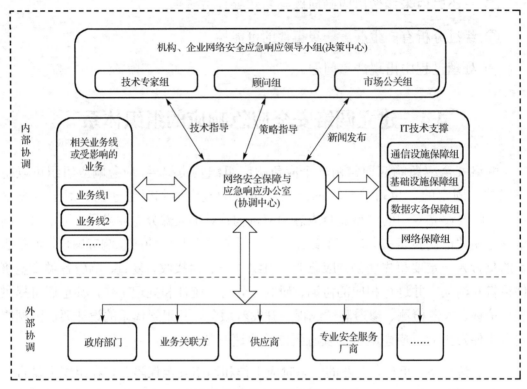

网络安全应急响应组织体系示意图

在具体职能上，网络安全应急响应领导小组对网络安全应急工作进行统一指挥，应急办负责具体执行。例如，应急办负责各类上报信息的收集和整体态势的研判、信息的对外通报等。相关业务线或受影响的业务部门的协调工作是指，网络安全事件影响了机构或企业的某些业务，使之无法正常运行，甚至瘫痪，需要业务线相关人员参与到应急响应工作中，配合查明原因，恢复业务。各专项保障组在应急办的领导下，承担执行网络系统安全应急处置与保障工作。技术专家组的任务是指导技术实施人员采取有效技术措施，及时诊断网络安全事故、及时响应。顾问组则主要提供总体或专项策略支持。市场公关组负责对外消息的发布，以及应急处置情况的公开沟通与回应。

在外部协调上，应急办需要和相关政府部门及时通报情况，并沟通应急处置事宜。业务关联方、供应商也是外部协调对象。通常来说，专业安全服务厂商也是供应商的一种，但是根据近年来的应急响应实践，可以发现专业安全服务厂商的作用越来越大，也受到各方的重视，因此在模型中会单独列出。

需要强调的是，应急办是应急响应执行的关键组织保障，其负责人需要在有足够的协调能力的同时，还要有足够的权力，才能调动内部部门、主营业务领域的协同力量。机构内部的顾问组和技术专家组对网络安全应急响应的制度流程建设完善有重要的支持作用，在应急事件响应上也发挥参谋作用，并且需要与软件供应商、设备供应商、系统集成商、服务提供商的相关技术支持人员，以及专业安全服务厂商的支持人员保持密切配合。

4.5 网络安全应急响应体系的能力建设

当前，许多机构、企业已经初步建立了网络安全预警机制，实现了对一般网络安全事件的预警和处置。但是，由于网络与信息安全技术起步相对较晚，发展时间较短，与其他行业领域相比，其专项应急预案、应急保障机制和相关的技术支撑平台都还有很大的发展空间。

机构、企业根据自身情况，设计了服务于自身的网络安全应急预案，建立了相应的制度流程和保障队伍，但相关的应急流程和保障措施普遍存在自动化程度低、与实践脱节等共性问题。在面对重大网络安全事件时，表现出一定的不足，机制尚显薄弱，难以有效整合资源，或是难以实现从预警到评判再到应急处置的快速反应处置机制。

基于现实困境，在充分运用既有研究、建设成果的基础上，机构、企业应当进一步实现信息汇聚、信息分析、联合研判、辅助决策、应急指挥、应急演练、预案管理等核心处置流程，确保一旦发生重大安全事件，能够迅速研判，形成预案，迅速指挥调度相关部门执行应急预案，做好应对措施，避免给国家和社会造成重大影响和损失，防止威胁国家安全的情况发生。

随着网络安全组件的不断增多，网络边界不断扩大，网络安全管理的难度日趋增大，各种潜在的网络危险因素与日俱增。虽然网络安全的保障技术也在快速发展，但实践证明，现实中再完备的安全保护也无法抵御所有危险。因此，完善的网络安全体系要求在保护体系之外必须建立相应的应急响应体系。

安全事件应急响应体系的主要目标为：建立公司级安全事件应急响应机制；明确各部门在应急响应处置过程中的职责；针对不同等级安全事件，匹配不同资源投入。

完整的流程可以保障机构、企业在出现重大安全事件时，能有条不紊地进行处置，及时把破坏范围缩小。建立良好的网络安全应急保障体系，能够真正有效地服务于网络安全保障工作。因此，应该重点加强以下几方面的能力建设。

1. 综合分析与汇聚能力

网络安全领域的应急保障有其自身较为明显的特点。其对象灵活多变、信息复杂海量，难以完全靠人力进行综合分析决策，需要依靠自动化的现代分析工具，实现对不同来源海量信息的自动采集、识别和关联分析，形成态势分析结果，为指挥机构和专家提供决策依据。完整、高效、智能化，是满足现实需求的必然选择。因此，应有效建立以信息汇聚(采集、接入、过滤、范化、归并)、管理(存储、利用)、分析(基础分析、统计分析、业务关联性分析、技术关联性分析)、发布(多维展现)等为核心的完整能力体系，在重大安全事件发生时，能够迅速汇集各类最新信息，形成易于辨识的态势分析结果，最大限度地为应急指挥机构提供决策参考依据。

2. 综合管理能力

随着互联网的飞速发展，网络安全领域相关的技术手段不断更新，对应急指挥的能力、效率、准确程度要求更高。在实现网络安全应急指挥的过程中，应注重用信息化手段建立完整的业务流程，注重建立集网络安全管理、动态监测、预警、应急响应为一体的网络安全综合管理能力。

要切实认识到数据资源管理的重要性，结合日常应急演练和管理工作，做好应急资源库、专家库、案例库、预案库等重要数据资源的整合、管理工作，在应急处理流程中，能够依托自动化技术，针对具体事件的研判处置推送关联性信息，不断丰富数据资源。

3. 协同保障能力

研判、处置重大网络安全事件，需要多个单位、部门和应急队伍进行支撑和协调，需要建立良好的通信保障基础设施，建立顺畅的信息沟通机制，并通过经常开展应急演练工作，使各单位、个人能够在面对不同类型的安全事件时，熟悉所承担的应急响应责任，熟练开展协同保障工作。

4. 网络安全日常管理能力

网络安全日常管理与应急响应工作不可简单割裂。例如，两者都需要建立在对快速变化的信息进行综合分析、研判、辅助决策的基础之上，且两者拥有很多相同的信息来源和自动化汇聚、分析手段。同时，网络安全日常管理中的应急演练管理、预案管理等工作，本身也是应急响应能力建设的一部分。

网络安全日常管理也与应急响应工作有较为明显的区别，其主要体现在以下 3 方面。

① 业务类型不同。网络安全日常管理主要包括对较小的安全事件进行处置，组织开展应急演练工作等；而应急响应工作一般面对较严重的安全事件，需要根据国家政策要求，进行必要的上报，并开展或配合开展专家联合研判、协同处置、资源保障、应急队伍管理等工作。

② 响应流程不同。网络安全日常管理对较小的安全事件的处理在流程上要求简单、快速，研判、处置等工作由少量专业人员完成即可；而应急响应工作，需要有信息上报、联合审批、分类下发等重要环节，响应流程较为复杂。

③ 涉及范围不同。应急响应工作状态下，严重的网络安全事件波及范围广，需要涉事单位、技术支撑机构和个人进行有效协同，也需要调集更多的应急资源进行保障，其涉及范围远大于网络安全日常管理工作状态。

因此，在流程机制设计、自动化平台支撑等方面，应充分考虑两种工作状态的联系，除对重大突发网络安全事件应急响应业务进行能力设计实现外，还应注重强化网络安全日常管理的能力，确保最大限度地发挥管理机构的能力和效力。

第 5 章 网络安全应急响应与实战演练

机构、企业经过多年的网络安全建设,部署了大量的网络安全设备,编制了全套的安全管理制度,建立起了种种网络安全防护体系,但是已有的安全措施和管理制度到底起到了多大的效果,急需通过一种可靠的方式进行检验,而实战演练则是目前常用的手段之一。

5.1 网络安全演练的必要性与目的

《网络安全法》中已明确要求:关键信息基础设施的运营者应制定网络安全事件应急预案,并定期进行演练;负责关键信息基础设施安全保护工作的部门应当制定本行业、本领域的网络安全事件应急预案,并定期组织演练。从 2016 年开始,国家监管机构每年组织开展针对不同行业、地域的网络实战攻防演练,且涉及的行业范围越来越广。

关键信息基础设施的运营者积极组织国内网络攻防实力较强的网络安全企业对其所负责的关键信息基础设施开展真实环境下的网络攻防演练,既是检验其对关键信息基础设施的安全防护和应急处置能力,也有助于积极应对网络安全新变化。

实战攻防演练以实战化、可视化、专业化为原则,对实际目标系统以不进行破坏攻击为底线,进行实战攻防对抗,攻击模式不限于单个系统,不限于内网渗透,不限于通过周边系统迂回,以达到如下目的:

① 拿到目标业务系统的控制权限;

② 深入挖掘机构、企业信息系统可能存在的安全风险;

③ 全面检验机构、企业网络安全防御体系的有效性;

④ 检验机构、企业人员的应急响应能力和协作配合能力;

⑤ 促进机构、企业增强网络安全意识、认清所面临的网络安全风险、完善网络安全保障体系。

通过对攻击者主要攻击思路和攻击手法的了解，机构、企业可以有针对性地在攻击实施的各阶段做好安全检测、分析、处置和防御等工作，发现存在的薄弱环节和漏洞，并在演练后的总结复盘过程中，根据详尽的安全整改建议，提高网络安全防御能力。

5.2 网络安全演练的发展和形式

在网站入侵、数据泄露、DDoS 攻击等安全事件频繁发生的同时，网络攻击的攻击来源、攻击目的、攻击方法及攻击规模也在发生变化。网络攻击从最初自发式、分散式攻击转向专业化的有组织行为，呈现出攻击工具专业化、目的商业化、行为组织化的特点。

自 2006 年开始，美国每两年举行一次网络风暴演练。演练分攻、防两组进行模拟网络攻防战，攻方通过网络技术、社会工程学手段、物理破坏手段，攻击能源、金融、交通等关键信息基础设施；守方负责搜集攻方的反映信息，评估并强化网络筹备工作，检查事件响应流程并提升信息共享能力。2016 年至 2018 年，美国国防部连续组织开展了"黑掉五角大楼""黑掉陆军""黑掉空军""黑掉国防旅行系统""黑掉海军陆战队"等多次军方实战演练。其中，"黑掉空军 3.0"于 2018 年 11 月进行，是"黑掉空军"计划的第 3 次实施。

美国的网络安全演练引发全球网络安全行业的"跟随效应"。我国对网络安全演练的重视程度也在不断增加。网络安全演练已经从原来的桌面推演检验流程，向实战演练过渡，组织的层级和规模也越来越大。从我国网络安全演练形式看，一般可分为桌面推演、模拟演练和实战演练三种形式。

1. 桌面推演

参演人员利用演练方案、流程图、计算机模拟、视频会议等辅助手段，针对事先假定的演练情景，讨论和推演应急决策及现场处置，从而促使相关人员掌握应急预案所规定的职责和程序，提高指挥决策和协同配合能力。桌面演练通常在室内完成，更侧重于演练制度、流程的检验。

2. 模拟演练

搭建测试环境，模拟真实系统及网络环境。组建攻击队进行安全检测，检验模拟环境里系统的安全现状,并由运维人员组建防守队伍,监测攻击行为,采取防守措施。模拟演练不会对生产环境产生影响,但是,由于模拟环境无法进行 1:1 仿真实际系统,与真实环境存在差异,因此,无法真实反映现在安全防御体系的防护能力和水平。

3. 实战演练

以真实生产环境为战场,以攻击者视角,不破坏目标系统为基础,具有攻击能力的"红队"对真实目标系统进行攻击,以拿到目标系统控制权限及获取核心数据为目标,采用多维度技术手段,检测系统的健壮性及防守体系的有效性。目标系统责任单位组建防守队伍,监测攻击行为,深入分析攻击事件,并采取有效的防守与反制措施。最终,通过实战演练的方式,对系统安全防护能力、安全运维保障能力及安全事件监测、响应能力进行全面检验。其主要特点是在真实生产环境进行,从攻击者的角度全面检验现有安全防护体系的有效性,真实反映安全防护能力现状。

5.3 网络安全实战演练攻击手法

攻击者在对目标系统进行有针对性、有组织性的入侵攻击时,通常会首先制定攻击策略,规划攻击线路,多角色分工合作,力争在短时间内取得最大战果。常见的攻击步骤和方法如下。

1. 信息收集

"兵马未动、情报先行",情报在常规战争中具有举足轻重的地位,在网络攻击中,准确、快速、真实的情报和信息收集同样至关重要。攻击者在明确需要攻击的目标后,第一时间利用一切能利用的技术手段收集目标系统相关的有用信息,包括域名、IP、软件信息、硬件信息等,同时,采用社会工程学方法等收集人力资源相关情报信息。信息收集主要有如下方法。

收集域名信息。根据目标系统的互联网域名,最大限度地收集与之相关的域名信息,作为旁站攻击的必要线索。该环节常用的技术涉及发掘 DNS 域传送漏洞、搜索引擎查询、DNS 服务器域名枚举查询、注册信息反查等。

收集 IP 信息。暴露在互联网上的 IP 是攻击者进行攻击的有利切入点,可通过域名 IP 反查、C 段扫描等技术手段,尝试获取可利用的 IP 信息。

收集软、硬件资产信息。攻击者有必要了解目标系统及周边系统的软、硬件资产构成，提前了解系统可能存在的共性缺陷。通过历史漏洞、GitHub、云盘、邮箱等信息查询方式，收集目标系统软、硬件相关信息。通过端口扫描获取端口信息、服务类型、OS 信息。通过网站指纹识别(如 WAF 识别、网站框架识别、中间件识别、CMS 识别等)发掘系统可能存在的缺陷。通过社会工程学方法获取账号、密码等有用信息。

此外，在信息收集阶段，还可探测一些敏感文件，例如，网站的敏感目录、Git 源码、SVN 源码、网站备份文件、一些容易泄露信息的配置文件(如 robots.txt、sitemap.xml、.DS_store、phpinfo.php、WEB-INF\web.xml 等)，这些泄露信息的敏感文件能够为攻击者提供有效的攻击思路。

2. 漏洞分析

攻击者在收集到目标系统足够多的信息后，会对目标系统的漏洞进行初步探测分析，为后续的渗透测试做充分准备。

漏洞分析以获取、统计可利用的漏洞为目标，主要采用自动化探测工具和脚本对目标系统进行自动化探测，包括基于端口和服务的扫描测试、Web 目录暴力枚举测试、Web 服务器相关信息探测、服务器漏洞测试等方式。同时，也会有针对性地对系统发起手工测试，包括通用型漏洞测试、Web 应用漏洞测试及网络漏洞扫描等。

在完成漏洞探测后，攻击者会验证漏洞的利用方式和利用难度，将获得的漏洞信息进行关联分析，并以此确定有效的攻击向量和攻击路径。如有必要，还会在本地搭建测试环境，进一步针对获取的新型漏洞或非常规漏洞进行研究，找出潜在漏洞的攻击路径。

3. 渗透攻击

直到渗透攻击阶段，正式的网络攻击才刚刚开始，该阶段的主要目的是获取互联网侧业务系统的控制权限，为后续尝试内部网络横向突破或跨内部区域突破做好准备。攻击者根据漏洞分析阶段的方案，结合在信息收集阶段获取的信息，利用各种手段绕过网络边界安全防护措施，实施对互联网侧应用的网络攻击行为。

攻击者在该环节的首要目的是绕过各类防御、监测类安全设备。结合系统、中间件、数据库特性，利用 WAF 自身缺陷，构造畸形协议请求，通过 HTTP 参数污染等手段绕过应用防火墙，或采用编码、加壳、白名单绕过、进程注入、内存加载等技术手段绕过反病毒系统等。

绕过防御设备后，攻击者将针对应用系统开展更加具体的攻击，主要涉及以下层面。

Web 攻击。针对应用系统的具体攻击过程会采用 SQL 注入、XSS、XXE、SSRF、CSRF、LFI/RFI、任意文件下载/上传、命令注入、反序列化、任意代码注入、开源框架常见漏洞利用等方式开展综合攻击尝试，直到获取该应用系统的控制权限，并控制其主机、数据库。

操作系统、数据库、中间件攻击。攻击者可采用未授权访问、身份认证绕过、弱口令、已经泄露的口令、反序列化、远程代码注入、Oracle TNS Listener 远程毒化、系统已知漏洞利用（如远程溢出漏洞 MS08-067、MS17-010）等方式尝试攻击，直到获取操作系统、数据库、中间件的控制权限。

钓鱼攻击。为获取更多的控制手段，攻击者会采用鱼叉攻击、水坑攻击等方式，诱捕防守单位业务相关人员的操作行为，为有效攻击与控制提供便利条件。

零日（0day）攻击。当攻击过程遇到难度时，攻击者将尝试 0day 攻击。采用代码审计分析、模糊测试、逆向分析、流量分析等方式，挖掘 0day 漏洞，并以此作为突破口进行网络攻击。此外，攻击者还会利用第三方的服务漏洞发起攻击。

4. 后渗透

攻击者获取系统权限后，会充分利用已获取的权限进行内网后渗透操作，此阶段是攻击者控制核心目标系统及扩大战果的重要阶段。

"提权"是后渗透阶段的一项重要技能。若攻击者获取的是非管理员权限，且该低权限账户无法满足进一步渗透的需求时，则将进行相应的提权操作。针对不同操作系统，攻击者会采取不同的提权操作。例如，在 Windows 环境下，可利用系统内核漏洞、第三方服务/应用漏洞、DLL 劫持、计划任务等方式进行提权操作；而在 Linux 环境下，可利用 Linux 系统内核漏洞、错误配置的 Suid/Guid、Crontab、滥用 Sudo 权限的应用、第三方服务/应用漏洞等方式进行提权操作。

攻击者通过分析失陷服务器的网络连接、路由信息及服务器上可能存有的敏感信息（如账号密码、组织架构信息、获取的 VPN 凭证信息、运维密码本、NFS 共享信息、SVN、Git 的源代码及配置文件、共享目录、配置说明文档、通过数据库发掘的身份信息、相关备份文件和备份服务器信息等），粗略绘制出内网结构拓扑图。在信息收集完成后，做进一步横向渗透。

攻击者通过收集可利用的信息，攻击内网其他设备，进一步收集有价值的信息。包括收集 Windows 系统环境下的系统日志、最近打开的文件、配置文件、注册表等信息；Linux 系统环境下的 know_hosts、日志文件中显示的曾经登录过的服务器 IP、.bash_history 文件、MySQL History、Syslog、passwd/shadow、应用日志/配置文件等信息；浏览器的收藏信息、浏览历史、保存的密码、浏览器缓存文件等。同时，关联分析横向渗透中收集的这些有效信息，通过会话重用、凭证登录、中间人劫持等方式进入内网其他机器，进一步扩展内网的网络拓扑结构，扩大攻击成果。

攻击者达到既定目标后，会进行必要的收尾工作，清理在横向渗透过程中留下的各种脚本文件和日志痕迹，记录渗透攻击的过程和步骤，删除上传文件、测试数据，并将远程无法处理的行为以报告的方式告知组织方。

5.4 网络安全实战演练的管控要点

由于整个网络安全实战演练过程是在生产环境中进行到，为避免对生产环境业务系统造成影响，对实战演练组织者的能力经验、演练平台、演练后系统的分析复原都有极高的要求，需要组织者注意以下管控要点。

1. 注重整体方案设计

根据网络安全主管单位的实际需求，演练组织者需要提前规划实战演练的整体设计方案，方案要包括演练组织设计、目标系统确认、攻击队伍组建、防守队伍组建、演练约束条件制定、演练规则制定、应急预案、演练平台设计、演练成果复盘、协助整改等重点内容。

2. 保障演练全流程安全可控

为确保实战演练安全可控，演练组织者需要从人员和技术方面提供保障。在人员方面，配备专职项目组，负责演练全流程保障，为演练过程的安全可控提供有效支撑；攻击者需签署保密协议并接受政审，政审可以邀请国家公安机关协助配合。在技术方面，需利用专用的攻防演练平台及专用计算机，攻击者配备专用的 VPN 账号接入攻防演练平台，对攻击通道采取实时流量监控，捕捉、分析流量内容，对违规通道进行实时阻断和回溯。主办方也可以通过大屏展示，对攻击行为、目标系统可用性状态、防守者提交的阻断证据等内容进行实况监控。攻击者所有操作均通过统一配发的专用计算机进行，专用计算机需具备录屏、审计、数据单项导入等功能，保证攻击数据不被人为泄露。

3. 确保"攻击者"技术能力

攻击者的专业技术能力是实战演练效果体现的关键。攻击者需要模拟有组织的黑客攻击行为，具有明确的任务分工。攻击者应该至少由三类技术专家组成：一是 Web 安全专家，主要职责是在互联网侧对 Web 类应用系统进行突破，通过渗透应用系统，获取服务器操作系统的控制权限；二是后渗透专家，在 Web 突破的基础上，横向控制内网其他应用、系统、主机的控制权限，主要职责是对内网主机、数据库、中间件、域控、网络、网管、安全设备等资产的突破，最终控制目标系统；三是反编译专家，在传统攻击模式遇到阻力时，攻击者会尝试获取业务系统、外采系统的源代码，由反编译专家对其进行反编译，寻找源代码的业务逻辑漏洞，实现对业务系统的控制。随着攻防演练任务难度的升级，有可能会根据实际情况编写免杀木马，以躲避防守者安全监测设备的检测。

4. 正确研判演练结果

实战演练组织者需要安排评判专家组，对攻击者及防守者的成果进行研判与评分。攻击者的评分项包括：攻击者对目标系统攻击所造成的实际危害程度、准确性、攻击时间长短及漏洞贡献数量等；防守者的评分项包括：发现攻击行为、响应流程、防御手段、防守时间等。通过多个角度进行综合评分，从而计算出攻击者及防守者最终的得分和排名。

5.5 红、蓝、紫三方的真实对抗演练

通过红、蓝、紫三方的真实对抗演练，可从安全技术、管理和运营等多个维度着手，发现机构、企业安全防御能力的问题和缺陷，帮助机构、企业不断完善安全体系建设，提升对抗新兴威胁的能力。

红、蓝、紫三方分别代表着不同的角色，其中，红方为机构、企业内部安全人员，负责内部防护；蓝方为机构、企业外部安全人员（白帽子），负责外部攻击；紫方为机构、企业外部教练（安全公司，如奇安信集团），负责提供演练导调、监控进程、全程指导、应急处置、活动总结等技术咨询工作。

1. 红方：机构、企业安全防御需要转变理念，做出最坏的打算

越来越多的泄密事件给机构、企业敲响了警钟，机构、企业安全防御不应再有"安全防御不出事就行"的理念，而是要假设自身的系统可能被攻陷，需要提高检测效率，降低被攻陷后的应急响应时间。

然而，对于一般的机构、企业而言，要想具备完备的应急响应能力是困难的。机构、企业的漏洞响应时间一般都要用半天的时间，甚至有的可能需要几天的时间来修复漏洞。因此，对于机构、企业来说，需要红、蓝、紫三支队伍支撑实现机构、企业持续对抗的能力。

对于大部分机构、企业来说可以分阶段进行，首先自身要有能力做到一些基础性的安全工作，可以请一些外包人员定期扫描自己的互联网边界，逐渐自主实现漏洞的发现和响应，进一步提升发现漏洞的能力。当具备了基本的漏洞发现、检测和响应能力后，下一步就可以根据自己的情况引入红、蓝、紫三方作为补充。

传统的网络安全防护都是基于设备的，但是没有不透风的墙，白帽子往往都能够将防御正面打穿，将机构、企业的应用完全暴露在互联网上。这时安全能否有所保证就取决于机构、企业自身的安全能力，机构、企业是否具备了威胁的检测和响应能力，是否有能力去应对和管理一些重大的安全漏洞，如何借助社会上的广大白帽子的力量、安全人员的力量为自身的安全服务，都需要重点关注。

2. 蓝方：通过白帽子的力量，实现快速漏洞响应，提升应急响应能力

补天漏洞响应平台拥有 3 万多名白帽子，他们利用安全技术帮助 4000 多家机构、企业挖掘漏洞。由于其覆盖面广，能够依靠互联网快速响应，因此可以帮助机构、企业提升应急响应的能力。

补天漏洞响应平台有以下特点。

一是基于白帽子社区的实时漏洞发现与报告，依托平台自身进行精准投递，保证时效性。

二是拥有基于"安全热度的漏洞情报"推送的重大事件预警。

三是拥有漏洞修复方案订阅，包括常见型、通用型漏洞修复方案推送。补天漏洞响应平台会对一些通用型漏洞或是常见型漏洞给予修复建议，这些修复建议大多数是免费的，以帮助机构、企业提高应急响应的能力。

四是拥有失陷检测服务，可调查漏洞是否被恶意利用，并调查攻击者真实意图。结合平台全面的检测能力，依托顶尖技术力量的配合，可以提供更多的主机攻陷、数据泄露等多方面的情报，帮助机构、企业检测是否已经发生安全事件。

五是拥有基于机构、企业资产的漏洞情报订阅服务。机构、企业通过订阅相关的漏洞情报，平台可以将发生在其他地方的类似的漏洞情报推送给机构、企业，帮助其提升响应能力。

六是可提供基于漏洞的安全咨询服务。基于历史漏洞，机构、企业可分析如何在生命周期各个阶段做好检测和预防。

3. 紫方：帮助机构、企业提升安全实战能力

在很多情况下，机构、企业并不知道其系统存在漏洞，也不知道这些漏洞是否被别人利用，并不会去关注是否有办法可以评估系统里究竟有哪些数据被别人窃取，从而形成安全防御的盲区。

因此，安全公司可以帮助机构、企业全面提升安全实战能力，而不只是帮助机构、企业做威胁检测、漏洞检测等。

在互联网威胁形势日益严峻的今天，越来越多的机构、企业需要直面来自全球的网络威胁。传统基于合规的防御体系对于新型威胁的发现、检测、处置已经呈现出能力不足的状态。通过对抗式演练，从安全技术、管理和运营等多个维度出发，对机构、企业的互联网边界、防御体系及安全运营制度等多方面进行真实检验，可以持续提升机构、企业对抗新兴威胁的能力。

第 6 章
网络安全应急响应的具体实施

本章主要介绍在遇到突发应急响应事件时应如何处理,即应急响应常用方法中的检测、抑制、根除和恢复阶段涉及的主要内容。在处理安全事件过程中,应保持冷静,明确处理和分析思路,按照制定好的响应流程或者演练流程处理。

6.1 检 测 阶 段

检测阶段是应急响应处置过程中的重要阶段,主要内容包括:实施小组人员的确定、检测范围及对象的确定、检测方案的确定、检测方案的实施和检测结果的处理。检测阶段的主要目标是接到事故报警后对异常的系统进行初步分析,确认其是否真正发生了网络安全事件,制定进一步的响应策略,并保留证据。

检测阶段的主要内容如下。

1. 实施小组人员的确定

应急响应负责人根据初步的检查,分析事故的类型、严重程度等,确定临时应急响应小组的实施人员的名单。

接到事故报警后,立即对以下事项进行初步排查。重点检查项应尽量全部记录,一般检查项根据实际情况按需记录。

重点检查项:

① 确认是否影响业务生产,造成哪些业务无法开展;

② 确认网络是当前范围内的局域网,还是全国性内网;

③ 确认是否有主机"中招",有多少台服务器"中招",分别是哪种业务服务器,有多少台终端"中招"。

一般检查项:

① 确认此次事件类型，包括遭遇勒索病毒（如果是勒索病毒，需填写加密的文件后缀）、挖矿木马、APT 攻击、网站挂马、网站暗链、网站篡改、数据泄露等；

② 病毒/木马的传播能力，以及传播方式；

③ 业务数据的备份情况；

④ 是否有数据泄露，以及哪些数据被泄露；

⑤ 安全软件部署情况，以及归属厂家。例如，是否部署防病毒软件、流量监测设备、虚拟化安全产品等。

2. 检测范围及对象的确定

主要涉及以下内容。

① 对发生异常的系统进行初步分析，判断是否真正发生了网络安全事件。

② 确定检测范围及对象。

3. 检测方案的确定

主要涉及以下内容。

① 确定检测方案。

② 制定的检测方案应明确检测规范。

③ 制定的检测方案应明确检测范围，其检测范围应仅限于与网络安全事件相关的数据，对未经授权的机密性数据信息不得访问。

④ 检测方案应包含实施方案失败的应变和回退措施。

⑤ 充分沟通，并预测应急处理方案可能造成的影响。

4. 检测方案的实施

主要涉及以下内容。

① 检测搜集系统信息：搜集操作系统基本信息、日志信息、账号信息等。

② 主机检测：包括日志检查、账号检查、进程检查、服务检查、自启动检查、网络连接检查、共享检查、文件检查、查找其他入侵痕迹等。

5. 检测结果的处理

经过检测，判断出网络安全事件类型，包括以下 7 个基本分类。

① 有害程序事件：指蓄意制造、传播有害程序，或是因受到有害程序的影响而导致的网络安全事件。

② 网络攻击事件：指通过网络或其他技术手段，利用信息系统的配置缺陷、协议缺陷、程序缺陷或使用暴力攻击对信息系统实施攻击，并造成信息系统异常或对信息系统当前运行造成潜在危害的网络安全事件。

③ 信息破坏事件：指通过网络或其他技术手段，造成信息系统中的信息被篡改、假冒、泄露、窃取等而导致的网络安全事件。

④ 信息内容安全事件：指利用信息网络发布、传播危害国家安全、社会稳定和公共利益的内容的网络安全事件。

⑤ 设备设施故障事件：指由于信息系统自身故障或外围保障设施故障而导致的网络安全事件，以及人为地使用非技术手段有意或无意地造成信息系统破坏而导致的网络安全事件。

⑥ 灾害性事件：指由于不可抗力对信息系统造成物理破坏而导致的网络安全事件。

⑦ 其他网络安全事件：指不能归为以上6个基本分类的网络安全事件。

另外，还要评估突发网络安全事件的影响。采用定量和/或定性的方法，对业务中断、系统宕机、网络瘫痪、数据丢失等突发网络安全事件造成的影响进行评估，主要评估内容如下。

确定是否存在针对该事件的特定系统预案，如果存在，则启动相关预案；如果事件涉及多个专项预案，应同时启动所有涉及的专项预案。如果不存在针对该事件的专项预案，应根据事件具体情况，采取抑制措施，抑制事件进一步扩散。

6.2 抑 制 阶 段

抑制阶段的主要目标是及时采取行动，限制事件扩散和影响的范围，以及限制潜在的损失与破坏，同时要确保封锁方法对涉及的业务产生最小的影响。

抑制阶段的主要内容如下。

1. 抑制方案的确定

在检测分析的基础上，初步确定与网络安全事件相对应的抑制方法，如有多项，可在考虑后选择相对最佳的方案。

在确定抑制方案时应该考虑：

① 全面评估入侵范围、入侵带来的影响和损失；

② 通过分析得到的其他结论，如入侵者的来源；

③ 服务对象的业务和重点决策过程；

④ 服务对象的业务连续性。

2. 抑制方案的认可

主要涉及以下内容。

① 明确当前面临的首要问题。

② 在采取抑制措施之前，要明确可能存在的风险，制定应变和回退措施。

3. 抑制方案的实施

严格按照相关约定实施抑制，不得随意更改抑制措施的范围，如有必要更改，需获得相关负责人的授权。

抑制措施包含但不仅限于以下几方面：

① 确定被攻击的系统的范围后，将被攻击的系统和正常的系统进行隔离，断开或暂时关闭被攻击的系统，使攻击先彻底停止；

② 持续监视系统和网络活动，记录异常流量的远程 IP、域名、端口；

③ 停止或删除系统非正常账号，隐藏账号，更改口令，加强口令的安全级别；

④ 挂起或结束未被授权的、可疑的应用程序和进程；

⑤ 关闭存在的非法服务和不必要的服务；

⑥ 删除系统各用户"启动"目录下未授权自动启动的程序；

⑦ 使用 Net Share 或其他第三方工具停止共享；

⑧ 使用反病毒软件或其他安全工具检查文件，扫描硬盘上所有的文件，隔离或清除木马、蠕虫、后门等可疑文件；

⑨ 设置陷阱，如蜜罐系统，或者设置反击攻击者的系统。

4. 抑制效果的判定

主要涉及以下内容。

① 防止事件继续扩散,限制潜在的损失和破坏,使目前损失最小化。

② 判定对其他相关业务的影响是否控制在最小。

6.3 根除阶段

根除阶段的主要目标是事件进行抑制之后,通过有关事件或行为的分析结果,找出事件根源,明确相应的补救措施并彻底清除问题。

根除阶段的主要内容如下。

1. 根除方案的确定

主要涉及以下内容。

① 检查所有受影响的系统,在准确判断网络安全事件原因的基础上,提出方案建议。

② 由于入侵者一般会安装后门或使用其他的方法以便在将来有机会侵入该被攻陷的系统,因此在确定根除方法时,需要了解攻击者是如何入侵的,以及与这种入侵方法相同和相似的各种方法。

2. 根除方案的认可

主要涉及以下内容。

① 明确采取的根除措施可能带来的风险,制定应变和回退措施。

② 准备根除方案的实施。

3. 根除方案的实施

使用可信的工具进行网络安全事件的根除处理,不得使用被攻击系统已有的不可信的文件和工具。

根除措施包含但不限于以下几方面:

① 改变全部可能受到攻击的系统账号和口令,并增加口令的安全级别;

② 修补系统、网络和其他软件漏洞;

③ 增强防护功能，复查所有防护措施的配置，安装最新的防火墙和杀毒软件，并及时更新，对未受保护或者保护不够的系统增加新的防护措施；

④ 提高其监视保护级别，以保证将来对类似的入侵进行检测。

4. 根除效果的判定

主要涉及以下内容。

① 找出造成事件的原因，备份相关文件和数据。

② 对系统中的文件进行清理，并根除。

③ 使系统能够正常工作。

5. 填写应急响应处置表

填写应急响应处置表，详细记录现场的情况，应包含以下内容：

① 处置情况描述；

② 感染总数记录；

③ 样本是否提取，以及与其他样本的关联性记录；

④ 受害系统 IP，以及溯源 IP 记录。

6.4 恢复阶段

恢复阶段的主要目标是恢复安全事件影响到的系统，并使其还原到正常状态，业务能够正常进行。恢复工作应避免出现误操作导致数据丢失。

恢复阶段的主要内容如下。

1. 恢复方案的确定

制定一个或多个能从网络安全事件中恢复系统的方法，了解其可能存在的风险。

确定系统恢复方案，根据抑制和根除的情况，协助服务对象选择合适的系统恢复的方案，恢复方案涉及以下几方面：

① 如何获得访问受损设施或地理区域的授权；

② 如何通知相关系统的内部和外部业务伙伴；

③ 如何获得安装所需的硬件部件；

④ 如何获得装载备份介质；

⑤ 如何恢复关键操作系统和应用软件；

⑥ 如何恢复系统数据；

⑦ 如何成功运行备用设备。

如果涉及涉密数据，确定恢复方案时应遵循相应的保密要求。

2. 恢复信息系统

应急响应实施小组应按照系统的初始化安全策略恢复系统。恢复系统时，应根据系统中各子系统的重要性，确定系统恢复的顺序。

恢复系统过程包含但不限于以下几方面：

① 利用正确的备份恢复用户数据和配置信息；

② 开启系统和应用服务，将受到入侵或者因怀疑存在漏洞而关闭的服务修改后重新开放；

③ 连接网络，服务重新上线，并持续监控，持续汇总分析，了解各网络的运行情况。

对已恢复的系统，还要验证恢复后的系统是否正常运行。

对于不能彻底恢复配置和清除系统上恶意文件的系统，或在不能肯定系统经过根除处理后是否已恢复正常时，应选择彻底重建系统。对重建后的系统进行安全加固，并建立系统快照和备份。

第 7 章
网络安全应急响应事件的总结

本章介绍在突发应急响应事件后如何进行总结,即应急响应常用方法中的总结阶段。

7.1 总 结 阶 段

总结阶段的主要目标是通过应急响应前几个阶段的记录表格,回顾安全事件处理的全过程,整理与事件相关的各种信息,进行总结,并尽可能地把所有信息记录到文档中。

总结阶段的主要内容如下。

1. 事故总结

应及时检查网络安全事件处理记录是否齐全,并对事件处理过程进行总结和分析。

总结的具体工作包括但不限于以下几方面:

① 事件发生的现象总结;

② 事件发生的原因分析;

③ 系统的损害程度评估;

④ 事件损失估计;

⑤ 总结采取的主要应对措施;

⑥ 将相关的工具文档(如专项预案、方案等)归档。

2. 事故报告

主要涉及以下内容。

① 编写完备的网络安全事件处理报告。

② 总结网络安全方面的措施和建议。

7.2 应急响应文档的分类

应急响应文档可分为5类。

第1类是应急响应框架类文档，主要描述应急响应事件的总体框架、事件分类、分级和应急专项预案的事件汇总。

第2类是应急响应流程类文档，主要描述IDC（互联网数据中心）机房、网络设备、安全设备、主机设备、操作系统、中间件、数据存储等应急响应事件的处理过程。

第3类是应急响应技术类文档，主要描述IDC机房、网络设备、安全设备、主机设备、操作系统、中间件、数据存储等应急响应事件的处理方法。

第4类是应急响应业务类文档，主要描述业务应用的连续性和影响性，以及业务应用在出现应急响应事件时的处理方法。

第5类是应急响应特殊类文档，主要描述当前主流的病毒处理、数据恢复、抗DoS攻击、抗DDoS攻击、灾难恢复、重大泄密事件类的应急响应处理过程和处理方法。常见应急响应文档分类及文档名称如下表所示。

常见应急响应文档分类及文档名称

序号	文档分类		文档名称
1	应急响应总体文档	框架类	《应急响应总体预案》
2			《应急响应总体流程》
3			《应急响应通用专项预案汇总规范》
4	应急响应专项文档	流程类	《IDC机房应急响应事件流程规范》
5			《网络设备应急响应事件流程规范》
6			《安全设备应急响应事件流程规范》
7			《主机设备应急响应事件流程规范》
8			《操作系统应急响应事件流程规范》
9			《中间件应急响应事件流程规规范》
10			《数据存储应急响应事件流程规范》
11			《办公网络应急响应事件流程规范》
12			《无线网络应急响应事件流程规规范》
13			《病毒应急响应处理流程规范》

续表

序号	文档分类	文档名称
14		《灾难恢复应急响应处理流程规范》
15		《重大泄密事件应急响应处理流程》
16	技术类	《IDC 机房应急响应事件处理规范》
17		《网络设备应急响应事件处理规范》
18		《安全设备应急响应事件处理规范》
19		《主机设备应急响应事件处理规范》
20		《操作系统应急响应事件处理规范》
21		《中间件应急响应事件处理规范》
22		《数据存储应急响应事件处理规范》
23	业务类	《业务影响性分析指南》
24		《业务连续性分析指南》
25	特殊类	《病毒应急响应处理指南》
26		《办公网络应急响应事件处理规范》
27		《无线网络应急响应事件处理规范》
28		《灾难恢复应急响应指南》
29		《重大泄密事件应急响应处理指南》

7.3 应急响应文档示例

1. ××网络安全事件应急响应报告(应急处置结果报监管机构)

××网络安全事件应急响应报告

一、事件概述

简要描述事件产生时间、地点、涉及的单位及系统、事件发展趋势、在国内影响范围等。

二、应急响应情况

(1)检测阶段

描述事件分析过程,包括原理及危害分析,提出主要问题或风险,并配以相关截图。

(2)处置阶段

描述采取了哪些措施,如暂停相关服务、移除××文件、修改密码等,处置后的注意事项及目前运行状况。

(3) 恢复阶段

描述网络安全事件涉及系统情况,使其还原到正常状态,业务能够正常进行。恢复工作应避免出现误操作导致数据的丢失。

(4) 总结阶段

描述网络安全事件处理的全过程,整理与事件相关的各种信息,进行总结,并尽可能地把所有信息记录到文档中。

……

三、相关安全建议

描述在本次网络安全事件中找到的安全问题及整改建议。

(1) 修复已知漏洞。

(2) 定期打补丁。

(3) ……

四、附录

如漏洞的相关详细情况等。

2. ××网络安全事件应急响应报告(机构、企业内部报告使用)

××网络安全事件应急响应报告

一、项目概述

1.1 事件概述

(1) 应急响应开始时间

(2) 应急响应结束时间

(3) 事件描述

(4) 关键字

1.2 应急响应工作目标

达成如下工作目标。

(1) 分析样本感染方式、对系统造成的影响。

(2) 排查攻击者入侵路径(如不需要对日志进行分析溯源,删除即可)。

(3)提供针对此类病毒的处置解决方法。

二、应急响应工作流程

2.1　检测阶段工作说明

(1)样本分析

(2)日志分析

2.2　抑制阶段工作说明

2.3　根除阶段工作说明

2.4　恢复阶段工作说明

三、总结及安全建议

3.1　应急响应总结

样例：这类病毒属于早期感染病毒，通常捆绑盗版软件进行传播，用户在打开未知软件前建议先进行病毒扫描。

3.2　相关安全建议

样例：系统、应用相关的用户杜绝使用弱口令，同时，应该使用高复杂强度的密码，尽量包含大小写字母、数字、特殊符号等，加强管理员安全意识，禁止密码重用的情况出现。

四、附件及中间文档

……

3．××网络安全事件应急响应工作总结报告

××网络安全事件应急响应工作总结报告

一、应急响应工作过程回顾

1．网络安全事件类型及危害程度分析

样例：计算机病毒传播事件属于有害程序事件，包括计算机病毒事件、蠕虫事件、特洛伊木马事件、僵尸网络事件、混合攻击程序事件、网页内嵌恶意代码事件和其他有害程序事件等7个子类。主要表现为发现内网终端、服务器带宽被占用，主机系统异常等。严重时造成整个内网瘫痪，该类事件造成的危害主要有以下几方面。

(1) 对××公司的正常业务运行造成影响，导致××业务系统工作人员无法正常访问业务系统，严重时造成服务器或终端系统瘫痪。

(2) ……

2. 事件级别判定

样例：从影响范围来看，公司内网被病毒入侵，对公司部分人员的正常工作造成影响，属于IV级事件。

3. 应急处置环境准备工作确认

样例：

(1) 获得访问受损设施和／或地理区域的授权。

(2) 通知相关系统的内部和外部人员。

4. 应急处置流程启动条件的确认

样例：在应急响应流程中，由××直接确定存在安全攻击行为的，或是尽管无法直接判定存在安全攻击行为，但已经或可能对××业务及网站系统造成业务影响，且××部门无法联合判断不是安全攻击行为的，经联合互相协商，启动应急处置流程。

5. 应急处置流程

(1) 应急处置过程关键时间记录

(2) 应急事件处置结果

(3) 现场保护工作

(4) 故障隔离工作

二、应急响应工作评估与完善

样例：通过评估有助于应急响应工作的改进和提高。评估的主要内容包括应急响应与处置的组织、流程、指挥、执行、资源和执行效果，并重点对应急响应预案及响应处置中所反映出的问题进行分析评估，总结经验，提出改进意见。

第 8 章
重要活动的网络安全应急保障

2018 年开始,国内重要活动或者会议的组织方及网络安全监管机构均开始要求在这些活动或者会议期间开展网络安全重保工作,以确保重要活动或者会议的圆满顺利完成。随着网络安全成为国家安全和社会稳定的重要组成部分,以及我国国际影响力的不断增大,重要活动或者会议的网络安全保障及重大事件的应急响应也将进入常态化。

8.1 重保风险和对象

要顺利完成重保工作,首先应该明确重保的对象,从而对重保工作范围进行确定,并根据重保对象的特点,对其可能存在的安全风险进行分析和识别,进而采取相应措施,为后续重保工作的顺利开展提供必要依据。

1. 明确重保对象

重保对象即对重要活动或者会议的顺利举办有帮助的,需要保护的信息系统。根据以往的重保经验表明,所有会为重保工作带来风险的相关信息系统都应纳入重保范围,防止疏漏。根据信息系统所属的单位及重要程度,可将重保对象大致分为三类:第一类,与重要活动或者会议主办方相关的信息系统;第二类,与负责重保工作的监管机构相关的信息系统;第三类,与其他重点保障单位相关的信息系统。另外,根据活动或者会议举办方的需求,当临时有新业务系统开发时,也应及时纳入重保整体解决方案中进行保护。

同时,各类基础网络环境的保障也是重保工作中的重要保护对象,是重保工作顺利进行的支撑性设施。常见重保对象如下表所示。

常见重保对象

序号	所属单位	重保对象
1	主办方	主办方官网、注册类系统、认证系统
2		主办方官方微博、公众号
3		与重要活动或者会议举办场地有关的网络环境
4	监管机构	监管机构内部重要信息系统
5		监管机构针对被监管单位进行监测的信息系统
6	其他重点保障单位	可能涉及的党政机关、金融、媒体、交通、能源、水利、教育等行业的重要信息系统
7		各重点保障单位承载业务系统的基础网络环境
8		其他需重保的系统

2. 重保风险分析

针对上述重保对象，根据各类信息系统所具有的特点，可大致从面向互联网开放的信息系统、不面向互联网开放的内部信息系统两大类进行风险识别和评估。针对前者类型的信息系统，重点关注这类系统自身的脆弱性和在重保期间可能面临的外部威胁；针对后者类型的信息系统，重点关注这类系统自身的脆弱性和在重保期间可能面临的内部和外部威胁。对重保对象主要面临的高风险，应重点关注解决。重点关注的风险及解决风险的基本建议如下表所示。

重点关注的风险及解决风险的基本建议

序号	风险描述	解决风险的基本建议
1	网站被篡改风险	代码检测
		业务逻辑测试
		渗透测试
		可信众测
		部署防篡改设备
		网站 7×24 监控
2	网站可用性风险	协调运营商进行流量清洗
		部署抗 DDoS 设备
		网站接入云防护系统
		静态页面开发
		主备机房备份
		运行状态监测
3	网站数据泄露安全风险	数据库渗透测试
		集成环境评估
		可信众测
		漏洞扫描
		部署 DLP 系统
		部署天眼流量分析系统
4	流量劫持风险	协调运营商处理
5	未知资产暴露风险	资产发现

续表

序 号	风险描述	解决风险的基本建议
6	重要互联网信息系统漏洞风险	远程安全扫描
7	重要单位现场环境风险	现场安全检查
8	紧急事件应急响应处理不熟练的风险	专业应急组织
		攻防演习演练
		应急预案演练

8.2 重保方案设计

不同重要活动或者会议的重保工作可能存在一定的差异，但都围绕一个共同的目标，即为重保期间网络安全提供有力保障，确保重要活动或者会议顺利圆满完成。针对这一重保目标，分别从主要设计思路、总体方案架构、重保工作过程和重保技术保障体系方面对重保方案进行设计。

1. 主要设计思路

重保方案的设计思路，主要基于重保期间的威胁特点和保障需求，并结合重要活动或者会议自身的侧重点，以当前安全行业普遍适用的安全模型或防御体系为指导，加强系统生命周期安全管理的实施。采用主动安全运营机制的理念，凭借数据驱动的威胁对抗能力等方面，确保重保方案满足重保工作的需求。

(1) 构建重保期的积极防御体系

基于重保期的威胁特点和保障需求，安全保障体系构建要针对信息系统自身安全打下坚实的基础，并要配套必要的安全防护措施，满足国家网络安全相关法律法规要求，并且要有可持续监测和响应的能力，强化威胁情报的引入，构建一套积极防御体系。

积极防御体系可参考网络安全滑动标尺模型。该模型涵盖基础架构、被动防御、积极防御、威胁情报和反制进攻五大类别，这五大类别之间具有连续性关系，并有效展示了逐步提升防御的理念。

(2) 加强系统生命周期安全管理

为了确保重保期信息系统的安全稳定运行，需要加强应用系统生命周期的安全管理。从应用系统的需求、设计、开发、上线和运行等各个阶段，同步进行安全保障工作，从而确保信息系统自身的安全性。

(3) 全面建立主动安全运营机制

重要活动或者会议安全保障工作将基于自适应安全架构的主动安保运营体

系，建设积极防御的循环机制，实现由被动安全向主动安全的转化，确保重保时期信息系统的安全稳定运营。

(4) 提升数据驱动的威胁对抗能力

基于云端威胁情报数据，一方面可以将云端的威胁情报信息推送到本地，与本地的原始数据做快速比对，及时发现隐藏在本地的安全威胁；另一方面也可以利用互联网端的资源获取与企业外网强相关的 Web 攻击情报、漏洞情报、DDoS 攻击情报等，形成"云端+本地"的主动风险发现能力，实时监测和分析网络安全风险，及时进行网络安全应急响应和处置，整体提升威胁对抗的能力。

2. 总体方案架构

面对重保期间攻击的强隐蔽性、多样性和高频发性特点，根据重保安全能力需求的分析，重要活动安全保障的总体思路是通过威胁建模，实现对威胁的分析、识别和监测，构建重保期间积极防御体系，加强对信息系统生命周期的安全管理。遵循"同步规划、同步设计、同步运行"的安全原则，建立主动安全运营机制，提升威胁对抗能力，以具备全面安全防护、威胁监测预警、安全事件分析研判、应急处置和追踪溯源等方面的能力，同时完善通告协调机制，建立协同联动的保障机制。总体方案架构如下图所示。

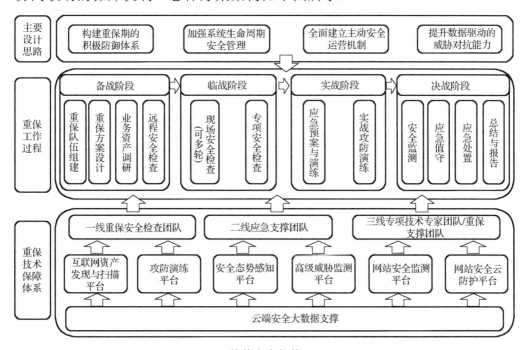

总体方案架构

最终依托技术平台和重保服务能力(主要指依靠专业的安全厂商的技术和能力),分阶段地落实安全保障的各项具体工作内容,以确保在重保期间能够形成"安全健壮"的信息系统,"纵深防御"的网络架构,"可持续监测和响应"的运营机制,并通过"云端+本地"的威胁情报数据,提升安全保障过程的威胁对抗能力,最终构建数据驱动的积极防御安全保障体系。

3. 重保工作过程

重保安全保障整体工作分成备战阶段、临战阶段、实战阶段、决战阶段 4 个阶段。其中备战阶段、临战阶段是在重要活动或者会议开始前为安全保障工作做准备,主要负责重保期间队伍组建、重保方案设计、重保重要单位安全检查等工作;实战阶段、决战阶段是为重要活动或者会议过程中的安全保障工作提供技术支撑,主要负责重保期间各重要单位网络安全监测、应急值守、应急处置、实战攻防演练等工作。

(1) 备战阶段

备战阶段是重保工作的第 1 个阶段,主要通过互联网资产发现和自动化远程检查等手段为重保过程中的人员、信息系统安全保障提供基础数据和攻击面总体安全态势,为后续重保工作方向提供决策依据,保证重保工作的有序进行。

重保队伍组建主要是成立重保领导小组,建设实体指挥中心,成立重保专家组及技术支撑组,与运营商、国家互联网应急中心等外部机构建立联动工作模式。由重保重要单位、安全厂商及第三方监管机构依据重保组织架构和重保工作需要建立相关团队,确保重要活动或者会议期间信息系统网络安全保障工作能够顺利开展。

重保方案设计是依据重保期间可能面临的安全风险,并结合实际需求对重保工作过程中所需要的服务内容、人员投入、软/硬件设备使用等进行分析,形成总体的重保安全保障设计方案。

业务资产调研是根据重保重要单位的业务系统资产情况、网络情况及业务安全需求等,对其进行技术和管理方面的调研。全面收集相关信息,并根据这些基础信息制作相应的资产信息列表,为后续重保安全检查工作提供支撑。

远程安全检查主要是对重保重要单位的信息资产、网络架构、业务流程等以远程渗透测试的方式进行安全测试,对其基本安全情况进行摸底调研,并就测试过程中发现的问题提供整改建议。

(2) 临战阶段

临战阶段是重要活动或者会议网络安全保障的第 2 阶段,通过现场安全检查对备战阶段发现的各种安全问题进行"清零",根据被检查单位的行业特点,还会通过专项安全检查,有针对性地解决安全隐患。

现场安全检查可进行多轮检查,首轮安全检查主要采用现场访谈、人工技术检查等方式对被检查单位(包括机房、网络、基础环境、应用和数据安全各层面安全措施的建设和落实情况)进行安全检查,发现现场存在的安全问题。后续现场安全检查主要是对首轮安全检查中发现的安全问题进行复查,可采用不同单位交叉检查的方式,对各单位安全问题整改情况进行验证,并对首轮检查统计的资产信息、网络架构、业务流程等信息进行复核,排查是否出现新的安全问题。

专项安全检查是根据重保涉及的重要单位的行业和业务特点,组织专门的队伍,采用针对性的技术检查方法对重保重要单位相关信息系统进行专项安全检查,发现可能存在的安全问题和隐患,并对检查中发现的安全问题提供整改建议。

(3) 实战阶段

实战阶段是在重保所有安全检查及整改工作都告一段落后,向各重保重要单位进行重保实战阶段的工作部署,主要通过开展应急预案与演练、实战攻防演练等工作,来检验前期重保检查工作的成效。

应急预案与演练是为重要活动或者会议期间保障工作的顺利进行而做的实战准备工作,由重保领导小组组织各重保单位负责人召开安全工作部署会议。要求各重保重要单位根据自身情况制定详细的网络安全应急预案,并根据实际工作情况形成具体的演练方案,开展应急演练工作。

实战攻防演练根据重保重要单位实际情况开展,通过组织各类攻击队伍对系统进行攻击,一方面检验临战阶段安全检查工作及整改落实情况,另一方面检验在发生真实网络攻击时,网络安全保障队伍的实战应对能力。

(4) 决战阶段

决战阶段是指在重要活动或者会议召开期间的现场安保阶段,本阶段的安全保障工作一般要求 7×24 小时的现场安全服务保障。在重要活动或者会议举办期间,安排专业技术人员进行现场值守,并成立应急响应队伍,能够快速地发现并处置网络安全事件,防止网络安全事件对重要活动或者会议造成影响。主要工作内容包括:安全监测、应急值守、应急处置、总结与报告等工作。

安全监测是指在重保期间,通过对重要信息系统进行实时安全监测,及时发现并处理各类告警及系统存在的网络安全问题,在提高重要信息系统安全性的同时,可以减少因网络安全事件造成的负面影响。

应急值守工作主要是在活动现场配合运维值守人员对保障单位网络、设备、应用系统的运行情况等进行安全监测,对出现的网络安全事件快速响应、快速处置。在发生网络安全事件时,值守人员应在现场通过信息收集、流量分析、日志分析等多种技术手段对事件进行分析,确保网络安全事件能快速得到处置。

应急处置是指当发生网络安全事件时,现场值守人员根据上报机制,上报网络安全事件情况,由研判专家及时对事件进行分析后,将分析结果上报重保领导小组,重保领导小组根据实际情况,安排对应的应急处置团队赶赴现场进行应急处置,减少因网络安全事件对重保工作造成的影响。

总结与报告是指在完成值守工作后,重保工作还不能真正结束,最后还需要对整个重保工作进行总结并形成报告,对于重保的整个过程中的经验和教训进行归纳总结,为后续重保工作留下可借鉴的文档与经验。

4. 重保技术保障体系

重保工作有所需保障的对象范围广、情况复杂、威胁多样等特点,因此,需要进行大量人员的投入,以及拥有强大的技术平台作为支撑。

(1) 人员技术保障

为了服务国家网络安全建设工作的需要,使国家重要活动或者会议举办期间所涉及的重要信息系统能得到有效的安全保障,根据重保工作各阶段的工作重点,重保服务团队需有针对性地投入各类人员,以满足重保各阶段的实际工作要求。

① 一线重保安全检查团队

一线重保安全检查团队属于重保服务团队的先锋力量。在每次重保工作中,根据工作安排,对重保重要单位的信息系统开展安全检查工作,为后续整改工作提供依据。该团队由安全技术过硬、检查经验丰富的专业安全人员组成,专业安全人员涵盖了主机、网络、应用、数据等信息系统所涉及的各个层面的专家。

② 二线应急支撑团队

二线应急支撑团队属于重保服务团队的技术支撑力量。面对复杂的环境,不可避免存在一线团队技术人员难以处理的安全问题,需通过二线应急支撑团队人员提供技术支持,以确保问题得以解决。

③ 三线专项技术专家团队

三线专项技术专家团队由在各行业或某方面研究较深入的安全专家组成。主要负责值守期间网络安全事件的分析和研判,为重保领导小组提供决策支持。

④ 重保支撑团队

重保工作除了技术类工作,还会涉及众多非技术类工作,例如,重保人员安排工作、部门之间沟通协作工作、用户其他支撑工作,以及重保工作结束后的总结与报告工作等,因此需要有专门的重保支撑团队来负责该方面工作,从而保证重保工作的顺利开展。

(2) 技术平台保障

重要活动或者会议的网络安全保障工作都会面临检查对象多、人员投入有限、各类安全检查或监测工作要求相对专业且周期紧、任务繁重的问题,仅仅依靠人力难以胜任,因此需要通过专业的安全设备或者安全检测平台,才能完成大量的安全检查工作。同时针对重保期间,重保对象所面临多样威胁的特点,也需通过专业的安全监测平台及云防护平台来保障重要信息系统的安全运行。

① 互联网资产发现与扫描平台

互联网资产发现与扫描平台是采用安全大数据进行互联网资产梳理与暴露面筛查的理念,自行研发的一套自动化扫描平台。通过数据挖掘和调研的方式确定资产范围,之后进行主动精准探测,发现暴露在外的 IT 设备、端口及应用服务,并由安全专家对每个业务进行梳理分析,结合业务特点对资产的重要程度、业务安全需求进行归纳,最终有针对性地形成资产画像,精准探测互联网暴露面。

通过互联网资产发现与扫描平台,针对用户授权范围内的信息系统资产进行扫描和人工确认,可及时了解暴露在互联网上的资产信息情况,为重保工作中的资产摸底工作提供技术支撑。

② 高级威胁监测平台

高级威胁监测平台基于数据驱动的安全方法论,依靠多维度海量云端数据,结合安全服务数据运营分析团队多年的攻防实战经验,实现提前洞悉各类安全威胁。通过该平台可对受害目标及攻击源头进行精准定位,最终达到对入侵途径及攻击者背景的研判与溯源，切实帮助用户发现并及时消除各个层面的安全风险。

通过使用高级威胁监测平台，并由安全服务人员针对告警进行安全分析，可协助重要保障单位及时发现内部系统中已经感染的主机和终端，以及内部系统中存在的不合理的暴露面、漏洞、违规访问和内部攻击等威胁。结合云端威胁情报大数据进行分析、研判、追踪和溯源，可完成安全威胁的深度处置，从而提高重保单位在重保期间主动发现安全事件的能力。

③ 攻防演练平台

攻防演练平台是从攻击终端、网络通道、数据分析等各个环节充分保障演练的安全性、可靠性、时效性和灵活性。

攻防演练平台可为重保实战阶段的攻防演练工作提供攻击人员统一接入、攻击过程实时展现、现场环境全程监控、漏洞信息实时提交及攻击过程溯源审计等方面的技术支撑，满足重保工作中攻防演练的需求。

④ 网站安全监测平台

网站安全监测平台是利用云计算、安全大数据技术，实时监测网站安全状态的 SaaS 产品。网站安全监测平台提供 SaaS 平台的使用权，可以对漏洞、网页篡改、网页挂马、内容变更、黑词、暗链、敏感词、网站可用性等方面进行监测，并具备标准的报表管理和通报管理模块。

重保期间，通过网站安全监测平台，可以将大量的重保重要单位业务系统批量加入，进行 7×24 小时的安全监测，快速准确地了解系统运行情况，并能及时将网站存在的安全问题进行告知，为重保重要单位的信息系统安全运行提供有力的技术保障。

⑤ 网站安全云防护平台

网站安全云防护平台是综合性云端网站安全防护系统，该系统通过云计算与大数据技术，用集群化协同防御体系代替传统的单点防御体系，颠覆了传统的安全防护理念，可以有效解决用户网站面临的网站恶意篡改、网站敏感信息泄露、网站域名劫持、网站拒绝服务等安全威胁。同时该平台还集成了威胁情报技术，在威胁刚进入云平台时，就能判断出威胁来源并对威胁进行阻断。使用该平台可以为用户提供 SaaS 化的网站安全防护服务，从而可以在攻击进入网络前，在云端对 Web 攻击进行检测和拦截，为网站提供安全防护服务。

⑥ 安全态势感知平台

安全态势感知平台是一个分布式、高可用、高性能的大数据存储、处理、分析平台。平台以开源的 Hadoop、Spark 等组件为基础，形成集数据导入/导出、数据存储、数据处理、机器学习、数据管理、安全防护等功能于一体的、完善的大数据分析平台。该平台运用大数据的搜索引擎、数据可视化、海量数据还原等多种先进技术，对平台重点保护目标的网络与网站安全进行全方位持续监测，从而洞察高级威胁、追查 DDoS 攻击、预防查杀木马，并根据平台给出的漏洞修补建议对自身网络、系统进行整改，以提高用户网络、系统防护能力。

第3部分 Part 3 / 网络安全应急响应技术与平台

第 9 章
网络安全应急响应中的关键技术

本章将主要介绍应急响应中的关键技术，包括：灾备技术、威胁情报技术、态势感知技术、流量威胁检测技术、恶意代码分析技术、网络检测响应技术、终端检测响应技术、电子数据取证技术等。

9.1 灾 备 技 术

当前网络攻击越来越频繁，尤其是在勒索病毒出现后，对于服务器中的数据保护需要更加重视。灾备技术在应急响应恢复阶段至关重要，一旦服务器宕机或者数据被加密，一套完好的备份系统能起到十分重要的作用。尤其是重要系统一定要有备份机制，以防止系统被攻击后因不能恢复而造成的业务中断和财产损失。

1. 什么是灾备

灾备是容灾和备份的简称。容灾指在相隔较远的两地（同城或者异地）建立两套或多套功能相同的 IT 系统，互相之间可以进行健康状态监视和功能切换。当一处系统因意外（天灾、人祸）停止工作时，整个应用系统可以切换到另一处，使得该系统继续正常工作。容灾侧重数据同步和系统持续可用。备份指为应用系统产生的重要数据（或者原有的重要数据信息）制作一份或者多份拷贝，以增强数据的安全性。备份侧重数据的复制和保存。

2. 灾备模式的特点

数据中心灾备模式大体可以分为 4 种：冷备、暖备、热备和双活/多活。

冷备是中小型数据中心或者承载业务不重要的局点经常使用的灾备模式。冷备的用站点通常是空站点，一般用于紧急情况，或者用于仅布线、通电后的设备。在整个数据中心因故障而无法提供服务时,数据中心会临时找到空闲设备或者租用外界企业的数据中心临时恢复,当自己数据中心恢复时,再将业务切回。

暖备是在主备数据中心的基础上实现的,前提是拥有两个(一主一备)数据中心。备用数据中心为暖备部署,应用业务由主用数据中心响应,当主用数据中心出现故障造成该业务不可用时,需要在规定的RTO(Recover Time Objective,即灾难发生后,信息系统从停顿到恢复正常的时间要求)时间以内,实现数据中心的整体切换。

相比暖备,热备最重要的特点是实现了整体自动切换,其他方面和暖备的实现基本一致。实现热备的数据中心仅比暖备的数据中心多部署一项软件,其可以自动感知数据中心故障并且保证应用业务实现自动切换。业务由主用数据中心响应,当出现数据中心故障造成该业务不可用时,需要在规定的RTO时间内,自动将该业务切换至备用数据中心。

双活/多活可以实现主备数据中心均对外提供服务。在正常工作时,两个/多个数据中心的业务可根据权重做负载分担,没有主备之分,分别响应一部分用户,权重可按地域划分。当其中一个数据中心出现故障时,另外的数据中心将承担所有业务。下表是4种灾备模式各项特点的对比。

冷备、暖备、热备、双活/多活4种灾备模式各项特点的对比

项 目	灾 备 模 式			
	冷 备	暖 备	热 备	双活/多活
RTO	恢复时间长,不可预知	恢复时间较短	恢复时间较短	恢复时间短
硬件成本	几乎可以忽略	一般	一般	一般
软件成本	几乎可以忽略	几乎可以忽略	较低	较高
实现复杂度	简单	简单	较易	复杂
运行稳定性	低	较低	较高	高
自动化	人工	人工	软件自动	软件自动
运维成本	低	低	较高	较高

3. 灾备的三个等级

根据恢复的目标与需要投入成本的多少,可将灾备大体分为三个等级。从数据级灾备、应用级灾备到业务级灾备,业务恢复等级逐步提高,需要的投资费用也相应增长。

数据级灾备强调数据的备份和恢复，包括数据复制、备份、恢复等在内的数据级灾备是所有灾备工作的基础。在灾备恢复的过程中，数据恢复是底层的，数据必须完整、一致后数据库才能启动，之后才是启动应用程序，在应用服务器接管完成后，才能进行网络的切换。

应用级灾备强调应用的具体功能接管，它提供比数据级灾备更高级别的业务恢复能力，即在生产中心发生故障的情况下，能够在灾备中心接管应用，从而尽量减少系统停机时间，提高业务连续性。应用级灾备是在数据级灾备的基础上把应用处理能力再复制一份，也就是在异地灾备中心再构建一套支撑系统。该支撑系统包括数据备份系统、备用数据处理系统、备用网络系统等部分。

业务级灾备是最高级别的灾备建设，如果说数据级灾备、应用级灾备都在 IT 系统的范畴之内，业务级灾备则是在以上两个等级灾备的基础上，还需考虑到 IT 系统之外的业务因素，包括备用办公场所、办公人员等，而且业务级灾备通常对支持业务的 IT 系统有更高的要求（RTO 在分钟级）。

4. 云灾备

云灾备是将灾备视为一种服务，由用户付费使用，灾备服务提供商提供产品服务。采用这种模式，用户可以利用服务提供商的优势技术资源、丰富的灾备项目经验和成熟的运维管理流程，快速实现其在云端的灾备目的。还可降低用户的运维成本和工作强度，同时也可降低灾备系统的总体拥有成本。

云灾备与传统的组织单位在本地或异地的灾备模式不一样，云灾备是一种全新的灾备服务模式，主要包括传统物理主机、虚拟机等 IT 系统，有向公有云或私有云等云端化灾备发展的趋势，还包括新业务形态下，云与云之间的灾备等。在具体的实际场景应用中，云灾备包括传统的数据存储和定时复制，以及数据的实时传输、系统迁移、应用切换，可保证灾备端应急接管业务的应用。

5. 云灾备的特点

云灾备结合云平台的计算、存储和带宽等诸多优势，相比本地灾备具备更多优点，其主要特点如下。

(1) 减少基础设施

用户不必再采购传统的灾备服务器，可借助云平台供应商提供的计算和存储平台，或者直接采用云灾备 DRaaS 应用服务，即可解决系统崩溃的问题。不再需要采购新的存储，也不再有随之带来的维护需求和成本。甚至可以关闭备份中心，在节省更多的物理空间的同时，节省更多的 IT 资源。

(2) 节约成本，按需付费

云灾备不同于传统的灾备，传统的灾备需要建立架构完全对应的灾备中心，云灾备可以采用云基础设施，或者采用灾备即服务的模式，允许用户自由选定重要的系统和数据。因为底层架构被其他采用同样云计算解决方案的公司所共有，共同分担成本，所以用户只需为实际使用的资源付费，从而大大减少了资源的浪费，提升了效率。

(3) 高度机动性

云灾备基于虚拟化云计算技术，当主节点已经异常而无法提供服务时，仍然可在云端保持系统的稳定运行。只要能连上网络，员工仍能继续在原有的服务器环境中工作。这种高度机动性，为员工从一个办公场所移动到另一个场所，或短期在家办公提供了方便。

(4) 高度灵活性

云灾备使得业务需求更容易评估，可以更准确地预估系统，甚至是子系统是否需要维护。也可以更细粒度地选择关键的数据来优化自身的备份计划，而不是整体备份。基于公有云平台或者开源的私有云技术也可以简便、快速、灵活地构建灾备节点，并将数据迁移或者复制到云端，提升灾难恢复的速度。

(5) 快速恢复

在灾难发生时，不同的用户针对自身业务特点可接受的停机时间是不同的。云灾备可以预先准确估计恢复的时间，确保停机时间在一个可接受的合理范围内，从而制定一个准确的、可交付的服务等级协议。

9.2 威胁情报技术

1. 什么是威胁情报

对于威胁情报的定义，各个安全研究机构和厂商莫衷一是，其中 Gartner 公司给出的定义相对狭义，但组成要素完整，即：威胁情报是某种基于证据的知识，包括上下文、机制、标示、含义和可行的建议，这些知识与资产所面临的已有的或酝酿中的威胁、危害相关，可用于资产相关主体对威胁、危害的响应或对处理决策提供信息支持。

上述定义中涉及应急响应的要素是"标示"（Indicator），更具体的是指 IOC（Indicator of Compromise），即入侵指示器、失陷指标、失陷指示器等，本书将其翻译为失陷标示。其作为识别是否已经遭受恶意攻击的重要参照特征数据，通常包括主机活动中出现的文件、进程、注册表键值、系统服务，以及网络上可观察到的域名、URL、IP 等。

威胁情报还可以分为战术情报、作战情报、战略情报，在网络威胁的背景下解释如下。

战术情报：标记攻击者所使用工具相关的特征值及网络基础设施信息，可以直接用于设备，实现对攻击活动的检测，IOC 是典型的战术情报。主要用于 SIEM（安全信息和事件管理）/SOC（安全运营中心平台及安全运维团队）。

作战情报：描述攻击者的工具、技术及过程，即 TTP（Tool、Technique、Procedure），这是相对战术情报抽象程度更高的信息，据此可以设计检测与对抗措施。使用者主要为事件应急响应、威胁分析狩猎团队。

战略情报：描绘当前对于特定组织的威胁类型和对手现状，指导安全投资的大方向。使用者主要为 CSO（首席安全官）、CISO（首席信息安全官）。

2. 威胁情报技术在网络安全应急响应中的应用

在过去，机构、企业应对网络安全事件就像"救火队"，大多是"就事论事"，着力于攻击事件本身的响应和事后补救，往往会反复"中招"同类攻击。然而，应急响应需要与时间赛跑，越早发现攻击事件并采取有效的措施，能够减少攻击带来的损失和影响。安全运营团队通常会面临以下问题：

如何高效地发现攻击和入侵活动，评估影响面；

如何获取相关已发现安全事件方法；

如何基于对于对手的了解设置各个环节的安全控制措施，以阻止将来相同对手或类似攻击手法的影响；

理解目前安全威胁的全貌，以实现明智、有效的安全投资。

威胁情报技术在应急响应各阶段中的应用如下表所示。通过相关技术的应用可有效解决上述问题。

威胁情报技术在应急响应各阶段中的应用

应急响应各阶段	威胁情报技术		
	战术情报	作战情报	战略情报
准备阶段	引入威胁情报数据并用于 SIEM/SOC 平台，增加异常告警相关的上下文信息和准确性	明确应对的威胁类型、主要攻击团伙、使用的攻击战术技术特点、常用的恶意代码和工具；针对上述信息分析内部的攻击面和对应的响应策略	全面了解机构、企业面临的威胁类型及其可能造成的影响；了解行业内同类机构、企业面临的威胁类型及已经造成的影响；决策用于应对相关威胁的安全投入
检测与分析阶段	针对告警提供更丰富的上下文信息，并能聚合其他相关的异常信息，提高安全人员识别的效率	基于威胁情报，明确威胁攻击的类型和来源、针对的目标、攻击的意图	—
隔离、清除与恢复阶段	根据相关的 IOC 集合，针对机构、企业内部资产能够加快评估影响面和损失	基于攻击者的攻击战术特点的威胁情报信息，能够帮助安全人员判断当前攻击者已实施的攻击阶段和下一步的攻击行动，有针对性地进行响应决策	—
事后复盘阶段	发现新的 IOC 信息，作为威胁情报补充到内部威胁情报平台，并用于后续的安全运营工作	帮助完善对整个事件过程的回溯和还原；更新对攻击者的认知，以便更好地应对未来同类攻击；结合威胁情报的共享也能够帮助相关行业和相关企业应对同类威胁	—

3. 实例分析

以下结合实例分析威胁情报技术在机构、企业应急响应中应用。这里以"海莲花"APT 组织为例谈谈机构、企业在应急响应流程中应如何应对 APT 威胁，其中按网络杀伤链模型总结了"海莲花"APT 组织攻击的过程，如下表所示。

"海莲花"APT 组织攻击的过程

攻击阶段	特性描述
侦察	关注目标（主要是政府和海事相关）网站，尝试入侵，收集相关的电子邮箱
武器化	使用多种现成的技术生成绑定木马诱饵程序，当前普遍采用 PowerShell 的 Payload
散布	入侵网站构建水坑，发送定向鱼叉邮件
恶用	利用与工作相关的内容进行社会工程学诱导，使受害者单击执行诱饵程序
设置	下载第二阶段 Shellcode 完成控制，以计划任务方式达成持久化
命令与控制	之前使用自有实现的通信协议，当前较多使用商业化攻击框架 Cobalt Strike
目标达成	使用 Cobalt Strike 进行集成化的自动渗透，不太在乎隐秘性，只要有可能就进一步创建更多水坑

"海莲花"APT 组织非常活跃，其目标广泛，政府、军队、海事、外交等机构、企业是其攻击的目标，有时也会针对科研、能源、电力等机构进行攻击，

主要的目的在于实现对机构、企业内网持久性的控制并获得机密数据和信息资产。因此，机构、企业的 CSO 和 CISO 需要在应对 APT 威胁方面进行有针对性的安全投入。

在准备阶段，机构、企业内部的安全运营和 IT 运维团队为 SIEM/SOC 平台接入包含 APT 威胁情报的 IOC 数据，或使用高级威胁监测设备对流量进行监测，终端上所使用的威胁情报也有助于发现绕过传统病毒查杀软件的高级威胁。

在检测与分析阶段，安全人员发现有设备检测到主机对于 ngggnjggnggnlggmiggnnggnjggidggngggmjgg.ijklbkgn.hieryells.com 这种异常域名的解析，"海莲花"网络 IOC 产生告警，对告警进行基本的确认以后触发应急响应流程。对相关主机上机排查，发现可疑进程，分析人员基于已知恶意代码家族的分类确认为"海莲花"团伙所使用的特种木马。对各类 IOC 进行匹配，确认内网失陷的所有感染已知恶意代码的设备。

在隔离、清除与恢复阶段，对包括一个 Web 服务器和邮件服务器在内的所有终端立即采取网络隔离措施，查杀并清除其上的恶意代码，有必要重装的机器需重新安装系统和应用。通过对失陷机器通信的进一步分析，发现内网的域控制器也已被攻陷，在其上面发现之前所未知的后门程序，引发更深入的清除和恢复流程。在确认不再有恶意活动后恢复系统和网络配置，保障机构、企业日常对外服务的正常运行。

在事后复盘阶段，回溯入侵的渠道，发现最初的进入源于鱼叉邮件攻击。攻击者在获取不小心点开邮件的终端的控制权以后，内网横向移动，采用水坑攻击向更多终端分发恶意代码，逐步扩大控制面。最后，使用凭据传递攻击，实现对域控制器的掌控，利用这个超级权限向部分服务器和客户端推送后门，对外打包输出窃取的敏感信息。基于对此攻击过程的了解，加强邮件的恶意代码过滤和安全意识教育非常必要。在排查和取证阶段发现攻击者所使用的新工具对应的 IOC 也可以作为非常有用的威胁情报，向行业和监管机构公开，实现由点到面的防护。

9.3 态势感知技术

1. 什么是态势感知技术

2016 年 4 月 19 日，习近平总书记在网络安全和信息化工作座谈会上的讲话提到：全天候全方位感知网络安全态势。知己知彼，才能百战不殆。没有意识到风险是最大的风险。面临日趋严峻的网络安全形势，国家高度重视网络安全建设，国家相关监督和管理单位相继出台了针对网络、重要信息系统安全监督、管理、通报、防控等的政策指导文件。显然，网络安全态势感知技术作为可以提前"预知"网络安全风险的新技术，已经成为应急响应体系中不可或缺的一环。

网络安全态势感知技术是指应用技术呈现出由各种网络设备运行情况、网络行为及用户行为等因素构成的整个网络当前的状态和变化。该技术以安全大数据为基础，从全局视角提升对安全威胁的发现识别、理解分析、响应处置能力，最终为决策和行动服务，是安全能力的落地。

2. 态势感知技术在网络安全应急响应中的应用

所谓"聪者听于无声，明者见于未形"，如果将应急响应系统比作网络安全工作者的作战平台，那么态势感知技术就是网络安全工作者的作战地图，它能够帮助作战人员快速地获取并理解大量网络安全数据，及时地定位威胁来源，准确地判断当前整体安全状态并预测未来趋势。因此，态势感知技术的应用将切实提升网络安全防护效能。

以前，网络安全监测仅依靠人工或依托互联网安全公司的测试设备进行，被动接受上级单位下发的检测分析报告和线索。无法通过技术手段主动发现重要信息系统和网站所存在的高危漏洞，也就无法在第一时间发现网站被攻击或篡改等。

态势感知技术的运用是为了建立网络安全的"免疫"系统，通过对网络威胁的全天候全方位感知，特别是对传统安全设备难以发现和防御的深层次威胁进行感知，从而实现及时响应，及时处置，做到最大限度止损，最快速度消除影响，并根据需要进行必要的反制，破敌于源头，实现从被动防御向主动防御的转化。

与此同时，态势感知技术可以最大限度地做到"平战结合"，确保网络空间安全。平时通过日常监测与通报处置，不断提高各行业、各单位的安全防护意识与安全防护能力，促进其更好地履行监管职责，促使社会力量更好地发挥效用，以便战时(重要活动安保、重大事件应急过程中)有机整合国家相关职能部门，形成合力，快速、高效地做好应急处置工作。

态势感知技术的应用大体可分为三个阶段，即：态势提取、态势理解和态势预测，如下图所示。

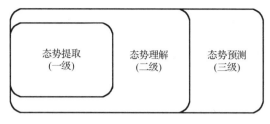

态势感知技术的应用

(1) 态势提取：通过收集相关信息，对当前状态进行识别和确认。

(2) 态势理解：了解攻击造成的影响、攻击者的行为意图，以及当前态势发生的原因和方式。

(3) 态势预测：跟踪态势的演化方式，以及评估当前态势的发展趋势，预测攻击者将来可能采取的行动路径。

目前，我国常见的网络安全态势感知系统中应用的态势感知技术仍介于第一阶段态势提取和第二阶段态势理解之间，在不久的将来我国或可完成第二阶段态势理解和第三阶段态势预测的研发及实战应用。

9.4　流量威胁检测技术

1. 什么是流量威胁检测技术

经过多年的网络安全建设，大多数用户已经部署了众多类型的安全检测防护软件和设备，但由于网络复杂化、应用业务多样化，导致各种安全漏洞越来越多，防范难度加大。许多用户的邮件被长期监听、重要服务器被控、敏感数据被窃取，但仍然很难发现。安全运维人员同样也很难发现未知威胁，或者根据已有的安全线索难以对潜在的安全事件进行定性及线索回查，往往处于被动防御的局面。

特征检测可以防范已知威胁，基于沙箱的动态行为分析技术可以阻止未知恶意程序进入系统内部，但是对于账号异常登录、敏感数据异常访问、木马 C&C 隐蔽通道及已经渗透进入系统内部的恶意程序而言，传统的安全设备已经不能有效地进行检测和防范。因此，安全分析的关键是流量数据，只有对网络链路流量进行采集分析，才能为用户识别和发现攻击提供有效的检测手段，才能对网络的异常行为具有敏锐的感知能力，让数据的检测无死角，解决传统网络安全措施无法解决的网络问题，发现传统网络安全措施不能发现的安全问题。

再高级的攻击都会留下痕迹，这时就能体现流量分析的重要性。流量分析包括：流量威胁检测、流量日志存储与威胁回溯分析。流量威胁检测以网络流量数据为基础，这里的网络流量数据不是简单的依赖设备的日志和某些固定规则，而是以一种高价值、高质量的网络数据表示——"网络元数据"存在，其数据来源包括：流量数据包、会话日志、元数据、告警数据、附件、邮件、原始还原数据等，也就是网络流量大数据。流量威胁检测能够对网络中的所有行为，从多个维度进行特征建模，从而设定相应的安全基线，对于不符合安全基线要求的网络行为检测为未知攻击，弥补以往单纯依赖特征的不足。流量日志存储则确保从时间轴、空间轴上实现网络内设备和应用的历史流量关联，从而在网络攻击发生时做到实时检测，在发生后做到溯源取证。威胁回溯分析可随时分类查看及调用任意时间段的数据，从不同维度、不同时间区间，提供不同层级的数据特征和行为模式特征，从而进行数据逐层挖掘和检测，直观、快速、准确定位各种网络安全事件发生的根源。

2. 流量威胁检测技术在网络安全应急响应中的应用

应急响应处理流程一般分为5个阶段：准备阶段、检测阶段、分析阶段、处置阶段、总结阶段。流量威胁检测技术将主要在检测阶段、分析阶段、处置阶段应用。

（1）检测阶段

在检测阶段，可利用流量传感器对网络流量进行解码，还原出真实流量，并提取出网络层、传输层和应用层的头部信息，甚至是重要负载信息。这些信息将通过加密通道传送到分析平台进行统一处理。传感器中应用自主知识产权的协议分析模块，可以在IPv4/IPv6网络环境下，支持HTTP（网页）、SMTP/POP3（邮件）等主流协议的高性能分析。同时，流量传感器预置了入侵攻击库和Web攻击库，可检测出常见的扫描行为和常见的远程控制木马行为等攻击行为，也可检测主流的Web应用攻击，包括：注入、跨站、WebShell、命令执行等。流量传感器检测到此类攻击后会产生告警，并将告警日志加密传输给分析平台，供平台统一管理。检测阶段示意如下图所示。

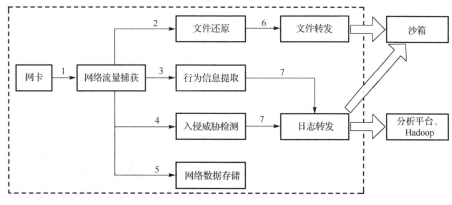

检测阶段示意

(2) 分析阶段

使用流量威胁检测工具，可协助用户缩短内部安全检测发现的周期，提升安全事件的持续检测能力。通过工具的自动化和可视化功能，可提升安全事件的监控能力。流量威胁检测技术在分析阶段的检测内容如下图所示。

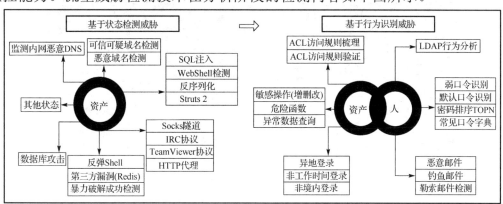

流量威胁检测技术在分析阶段的检测内容

(3) 处置阶段

通过流量威胁检测技术不仅能够发现告警机器，还能够发现其他已经"中招"的设备，并且根据当前发现的新线索不断拓展，进一步挖掘潜在威胁。如果用户没有安装终端管控相关软件，可以通过流量威胁检测进一步还原流量信息，从而可以找到受害者的机器，以及所属的人员信息。针对发现的问题，采用哪种方式进行处置，这样的处置是否会对系统带来其他影响，都可以通过流量分析给出答案。

3. 实例分析

(1) 事件概述

某厂商外网服务器出现异常进程，占用大量服务器资源且无法清除，疑似感染挖矿程序病毒。

(2) 事件分析

① 远程到服务器，对服务器系统和服务进行分析，发现 CPU 内存资源大量被占用，服务器上运行着 WebLogic Web 服务器，发现多个异常文件，疑似感染挖矿程序病毒。检测结果示意图如下图所示。

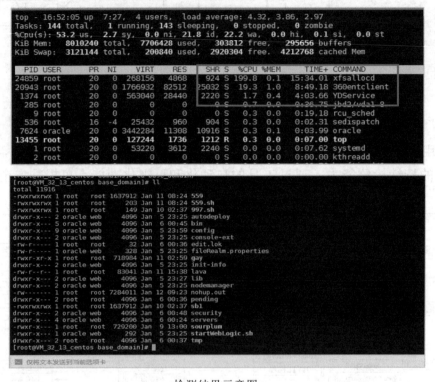

检测结果示意图

② 查看 559.sh 脚本内容。脚本先是查杀服务器上 CPU 占用大于 20%的进程，然后远程 27.155.87.26（福建地区，黑客所控制的一个 IDC 服务器）下载病毒程序并执行。病毒程序执行示意如下图所示。

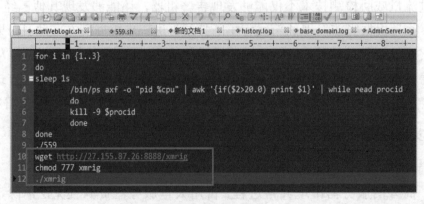

病毒程序执行示意图

③ 登录威胁分析平台对疑似恶意地址进行查看分析，如下图所示。

查看分析

④ 对 xmrig、gay、559 等样本文件进行分析，发现是虚拟货币恶意挖矿程序，如下图所示。

查询结果示意

⑤ 检查服务器执行命令日志，发现黑客曾经从多个远程地址，如 207.246.76.108（美国）、207.148.0.55（加拿大）、89.248.162.171（荷兰）下载了恶意程序 ljava，并执行，如下图所示。

查询结果示意

⑥ 检查系统定时任务,发现黑客添加了一条定时任务,定时从 207.246.68.21(美国)地址下载并执行恶意程序任务,如下图所示。

查询结果示意

⑦ 通过威胁分析平台对 207.246.68.21 地址进行分析，发现是一个由黑客控制的 idc 服务器，如下图所示。

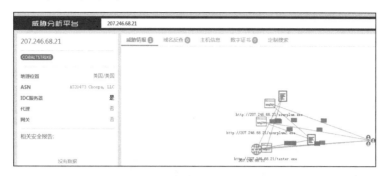

查询结果示意

⑧ 对 WebLogic 中间件日志进行排查分析，发现黑客执行了 java 反序列化漏洞攻击，如下图所示。

查询结果示意

⑨ 继续分析 WebLogic 远程命令执行漏洞，对黑客攻击过程进行复现，确认 WebLogic 存在漏洞，并可远程直接获取服务器权限、执行任意命令、上传下载文件等，如下图所示。

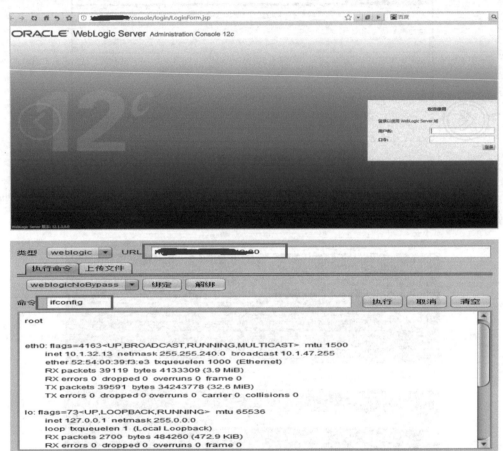

查询结果示意

⑩ 清理后，统一查看网络连接、进程等是否正常，是否有后门和可疑用户，如下图所示。

```
[root@VM_32_13_centos templog]# awk -F: '$3==0 {print $1}' /etc/passwd
root
[root@VM_32_13_centos templog]#
```

查询结果示意

(3) 结论

与管理员继续分析，保证用户业务系统安全运行，并为用户提供如下相关处置建议：

停止问题 WebLogic 服务；

重新部署操作系统；

重新部署业务应用程序；

更新 WebLogic 最新补丁包；

修改操作系统、数据库、应用系统等曾使用过的密码。

9.5　恶意代码分析技术

1. 什么是恶意代码分析技术

恶意代码分析技术又称为样本分析技术。通过恶意代码分析技术，能够提取感染主机中的可疑样本，并分析确定攻击者的行为轨迹及感染特征，为事件的应急响应提供所需的信息。

使用恶意代码分析技术的主要目的是弄清楚恶意代码是如何工作的。通过对安全事件涉及的样本进行详细的分析，来确定恶意代码的目标和功能特性。恶意代码分析技术主要分为静态分析技术和动态分析技术两大类。

静态分析技术往往是描述恶意代码本身的特征，包括：样本的签名信息、特征码、字符串信息、哈希值及特征序列代码段等，这些信息一方面可以提高反病毒软件的查杀能力，另一方面也可以根据类似特征写出某些恶意样本家族的专杀工具。同时，静态分析技术可以快速检测出恶意代码感染的机器。

动态分析技术往往是确认恶意样本的行为特征及使用的技术特征，目的是对恶意样本进行定性描述，划分类别。例如，可划分为勒索病毒、挖矿木马、远控木马、僵尸网络程序、Rootkit、Bootkit 等。

恶意代码的动态分析技术能够观察恶意代码在感染系统中的行为轨迹。例如，Windows 系统在感染恶意样本后，该恶意样本的运行会产生主机的动态特征信息，如修改启动进程、修改注册表项、添加计划任务、注册系统服务或释放文件等。它与静态的特征码不同，其针对主机的特征信息关注的是恶意代码对机器做了哪些修改，而不是恶意代码本身的特性。

目前常见的恶意代码动态分析技术有沙箱技术，即通过模拟一个真实的操作系统环境，将恶意样本投入，检测其对操作系统的修改，然而对其行为还原并记录。

2. 恶意代码分析技术在网络安全应急响应中的应用

在应急响应发生时，往往对应一种或多种类型的安全事件，无论是 Linux 操作系统还是 Windows 操作系统，当一名攻击者需要持久控制一台或多台机器时，必然需要留下持久控制的代码，这些代码往往就是在应急响应中需要分析的目标。通过分析这些代码，可了解恶意代码的功能与手法，在受感染的机器上快速定位问题，同时根据关联代码特征进行部分溯源工作。

9.6 网络检测响应技术

1. 什么是网络检测响应技术

网络检测响应技术(NDR)是指通过对网络流量产生的数据进行多手段检测和关联分析，主动感知传统防护手段无法发现的高级威胁，进而执行高效的分析和回溯，并协助用户完成处置。

网络是一切业务流量及威胁活动的载体，也是安全防护体系中的"咽喉要塞"，传统的网络安全防护以预设规则、静态匹配为主要手段，在网络边界处对进出网络的流量进行访问控制和威胁检测。随着网络威胁的持续演进，强依赖于静态特征检测常常难以有效应对当前范围更广、突发性更强的网络威胁。

下一代防火墙(NGFW)等应用层安全设备在网络中的广泛部署，使得用户对于网络流量中承载的用户、应用、内容等体现网络行为的信息具备了更强的洞察力，为网络的安全防护向积极防御迈进提供了有利条件。结合当前快速发展的威胁情报、异常行为建模分析技术，使我们有条件对网络行为数据进行更为深入的分析，从而弥补传统静态特征检测仅识别已知威胁的局限性，做到"见所未见"，并进行智能化的处置，提升应急响应的效率。

2. 网络检测响应技术在网络安全应急响应中的应用

简而言之，NDR 相当于在网络的大门上加装了多种监控装置，对于门卫难以辨识的威胁，可通过"摄像头"对其行为进行持续的观察，并结合外部系统提供的关键信息深入判别，通过行为上的异常来感知威胁的存在，并通知门卫做出更为及时的响应。

完整的 NDR 架构一般包括传感器、分析平台和执行器部件。在实际方案中，传感器和执行器均部署于网络中，它们可以单独部署，也可以合二为一部署。

当然，传感器部署的位置，决定了其能够感知什么样的网络流量，将对行为数据的收集产生影响。分析平台将基于大数据系统，可以部署在公有云上，也可以部署在用户本地。完整的 NDR 架构如下图所示。

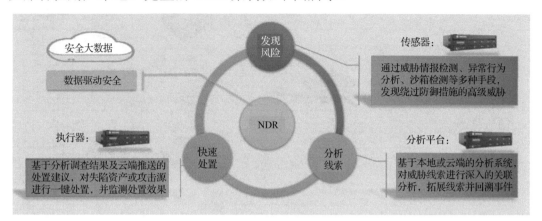

完整的 NDR 架构

传感器就像人的"五官"，发挥着"摄像头"的作用，其通过应用流量的解码洞察网络行为，并转化为一定格式的数据，上报至网络数据分析平台；分析平台，相当于"大脑"，对传感器上报的行为数据进行深入分析，并输出威胁的预警、处置建议，对执行器下发处置命令；执行器，相当于人的"四肢"，自动或半自动化地执行分析平台下发的处置命令，及时在网络中阻断通过分析平台发现的威胁。

3. 实例分析

在实际运用中，采用 NDR 架构部署的网络防护方案能够实现快速、准确、智能化的应急处置，以下为一个真实的案例。

某日，某三甲医院在互联网开放的在线挂号系统出现访问迟缓、中断的情况，已严重影响诊疗业务的开展。信息科管理人员在接到业务部门报告后，第一时间登录"天眼新一代威胁感知系统"（以下简称"天眼"）。通过分析，发现内部两个服务器 IP 地址产生的上行流量已接近 1000MB，对防火墙内网的千兆链路造成了严重阻塞。通过威胁情报检测功能发现，上述两个 IP 均在事发前后规律性地访问过一些不明域名，而大部分域名则指向某僵尸网络 C&C 服务器，由此判断两个 IP "中招"的可能性极大。通过分析平台进一步关联分析，发现了僵尸网络针对两台服务器的控制信道连接。管理人员在"天眼"执行"阻断"处置动作，随后处置信令被下发至部署于互联网边界的新一代智慧防火墙，由于 C&C 的控制连接被切断，僵尸网络的控制信令无法下发至"中招"主机，大流量的攻击也戛然而止，业务得以快速恢复。基于 NDR 架构的防护体系如下图所示。

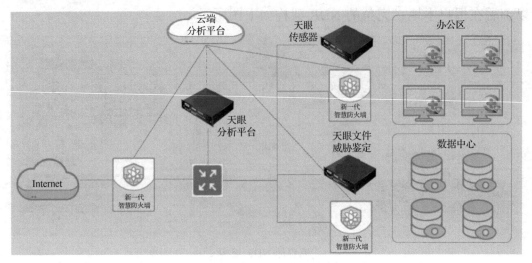

基于 NDR 架构的防护体系

在上述案例中，基于 NDR 架构的防护体系使得管理人员以异常行为为线索，在威胁情报的帮助下，第一时间确定了网络内的攻击者，并通过"一键式"的处置操作，向防火墙下发了阻断处置命令，高效完成网络侧响应，及时终止了业务影响，并避免了更为严重的损失。

上述案例表明，在"应急响应"趋于"持续响应"的新威胁形势下，基于 NDR 架构的网络防护方案能够突破传统方案静态、被动的局限，帮助管理人员大幅缩短平均检测时间（MMDT）和平均响应时间（MMRT）。

9.7　终端检测响应技术

1. 什么是终端检测响应技术

终端检测响应技术（EDR）是基于终端大数据分析的新一代终端安全产品，其能够对终端行为数据进行全面采集、实时上传，对终端进行持续监测和分析，增强对内部威胁事件的深度可见性。同时结合威胁情报中心推送的情报信息（IP、URL、文件 HASH 等），可以帮助机构、企业及时发现、精准定位高级威胁入侵。

2. 终端检测响应技术在网络安全应急响应中的应用

从近几年的安全事件来看，针对政企用户的持续高级威胁越来越多。攻击者不再单纯依靠病毒投递,而是利用 0day 漏洞入侵,释放增加攻防对抗的恶意样本;也不再使用单一脚本工具扫描,而是使用全方位资产探测、多维度渗透高级攻击手段等。这使第一代的基于病毒库查杀样本技术和第二代的白名单机制,都力不从心。此时,安全体系的建设急需要第三代引擎来应对高级威胁。奇安信集团最新推出第三代引擎,以全面采集大数据为基础,以应用机器学习、人工智能行为分析为核心,以威胁情报为关键,更好地支撑威胁追踪和应急响应,这也是 EDR 产品的核心价值所在。

3. 实例分析

通常当一个安全事件发生时,最关键且急迫的事情就是调查清楚事件发生的原因,包括攻击者路径、攻击目标、受影响面等。通俗说,就是弄清楚谁在攻击我,为什么要攻击我,他都做了什么事情。只有获取了这些信息,才能进行后续攻击抑制和业务恢复工作。

应急响应事中调查分析是一个复杂而漫长的过程,通常需要经验丰富的安全分析人员根据异常行为分析,将可能沦陷的设备日志进行关联。但如果遇到的是有攻防对抗经验的黑客,其很可能会将终端日志进行清理,让整个事件调查过程陷入被动,严重影响问题定位和事件响应的速度。

终端检测响应系统能够对终端行为进行实时监控记录,并将数据立即上报到 EDR 分析平台,可以避免黑客入侵后进行痕迹清理导致分析断链的问题。终端检测响应系统的功能如下图所示。

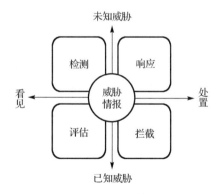

终端检测响应系统的功能

同时,通过对终端进程的可视化还原,EDR 可以将攻击者的攻击路径进行图示化溯源,帮助机构、企业找到内网终端沦陷的真正原因,并根据攻击钻石模型将沦陷终端进行数据筛选聚合,完成受影响范围评估,包括终端 IP 列表、攻击样本分布、异常访问等。这些信息可以帮助管理人员缩短应急响应过程的分析时间,并可作为下一步攻击抑制和业务恢复的决策依据。

EDR 还具备丰富的响应方式,包括但不限于恶意进程阻断、可疑文件隔离等,结合终端安全管理系统,即可对沦陷终端上发现的威胁进行快速遏制。结合终端、业务、系统等因素提供补救措施,EDR 能够帮助机构、企业提高安全基线,防止类似攻击事件再次发生,进而达到持续遏制的目的。只有防御体系完善了,补齐安全短板,固化响应流程,持续运营,才可降低安全事件响应次数,缩短每次响应的时间,真正实现持续化安全。

9.8 电子数据取证技术

1. 什么是电子数据取证

电子数据取证的定义是:科学地运用提取和证明方法,对于从电子数据源提取的电子证据进行保护、收集、验证、鉴定、分析、解释、存档和出示,以有助于犯罪事件的重构或者帮助识别某些与计划操作无关的非授权性活动。取证是为了解决事后追究责任的问题。

保护:是指对于电子数据证据源的环境、介质、系统、文档等进行最大限度的保护,以保证证据的充分性。

收集:是指对于电子数据证据的收取、采集、获取等。

验证:是指对于获取的电子数据进行校验和证明,确定其真伪、生成或修改的时间、地点、责任人、工具等,以确定其可采用性。

鉴定:是指鉴定人运用信息学、物理学及电子技术的原理和技术手段,对诉讼涉及的电子数据进行恢复、鉴别和判断,并提供鉴定意见。

分析:是指对于获取的含有电子数据证据的数据,采用适当的统计分析方法进行分类、分层、搜索、过滤、恢复、可视化等,为提取有用信息和形成结论对数据加以详细研究和概括总结的过程。

解释:是指要把电子数据证据及相关的环境、人员等,以能够理解的方式表达出来。为了做出正确的解释,需要在获得充分证据的基础上,利用已有的知识,进行合理的思考。科学结论就是令人信服的解释,它们是专家长期观察、调查、实验、分析、思考,并不断完善的结果。

存档:是指把已经处理完毕的公文、书信、稿件等分类归入档案,以备查考。

这里的存档是指电子数据取证过程中对一些重要数据的存档,包括源数据的存档和内容数据的存档。

出示:是指把电子数据证据呈现在需要的场合的行为。一般而言,需要按照法律法规和规章的要求进行呈现。

2. 电子数据取证技术在网络安全应急响应中的应用

随着网络安全威胁形势愈发严峻,机构、企业网络安全面临着巨大的考验。为保护机构、企业网络安全,除了加强安全防护,提高应急响应处理能力,还需要通过法律手段有效惩处和威慑网络和计算机犯罪人员。这就需要在应急响应阶段进行电子数据取证,一方面,通过对应急响应流程进行跟踪取证,为应急响应的合法合规提供必要证明;另一方面,对造成应急响应事件的各类违法犯罪活动进行取证分析,通过事中动态取证分析技术和事后静态取证分析技术,追踪定位犯罪嫌疑人,鉴定违法犯罪事实。同时,通过委托司法鉴定机构出具的司法鉴定意见来协助公安机关惩治违法犯罪人员,打击网络和计算机违法犯罪人员的嚣张气焰,维护网络安全。

PDCERF 方法将应急响应工作分成准备、检测、抑制、根除、恢复、总结 6 个阶段,而电子数据取证应贯穿这 6 个阶段,如下图所示。随着应急响应过程的启动,电子数据取证过程启动,对应急响应全过程行为文档进行记录和取证。在检测阶段触发动态取证分析,并在恢复、总结阶段进行事后取证分析,以形成应急响应、事后追责的完整服务链条。

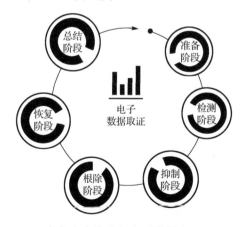

应急响应阶段与电子数据取证

应急响应中的动态取证分析过程与事后取证分析过程是对造成应急事件的恶意行为进行溯源和定责的关键步骤。动态取证分析过程运用了网络取证技术,并与网络监控技术、漏洞扫描技术、入侵检测技术相结合,完成网络入侵过程中的取证分析。一方面由安全设备给出的告警信息触发网络取证，另一方面，安全设备日志和网络流量镜像是网络取证的数据源。事后取证分析过程主要是在案发后对涉案的机器进行取证分析，通过对文件、系统信息、应用程序痕迹、日志、内存等进行分析，获取入侵的时间、行为、过程，并评估造成的破坏。通过以上过程实现攻击来源鉴定及攻击事实鉴定。

需要注意的是，随着 IT 环境的变化，应急响应需要针对不同的场景采用不同的取证技术，如在云计算环境中需要采取云取证分析技术，在智能终端设备中需要采取智能终端取证分析技术，在证据数据量很大时需要采取大数据取证分析技术等。

3. 实例分析

以下结合实例介绍电子数据取证技术在应急响应中的应用。某互联网公司发现公司服务器遭到黑客入侵并导致经济损失，该公司启动应急响应，对易失性数据进行留存并报案。公安机关经过侦查后，委托司法鉴定机构进行电子数据取证分析，并以其出具的司法鉴定意见书对犯罪嫌疑人提起诉讼。

(1) 基本案情

××年××月××日××时××分，A 公司产品运营管理后台突然被不法人员恶意篡改服务器数据库，将 A 公司大量合法用户和合法流量导向 B 平台，以获得经济利益，该行为导致 A 公司重大经济损失。A 公司已向公安机关报案。目前犯罪嫌疑人已被控制。

(2) 鉴定材料

鉴定材料包括服务器登录视频录像、服务器登录截图、相关日志文件数据，以及提取过程录像、A 平台和 B 平台访问方式。

(3) 鉴定要求

提取 A 公司服务器中被入侵攻击及数据篡改的日志。

鉴定犯罪嫌疑人在服务器植入后门，通过境外网络访问服务器进行远程登录，并跳转到目标服务器进行数据库记录篡改的事实。

(4) 简要鉴定过程

将测试机与鉴定专用计算机连接至鉴定专用局域网，在鉴定专用计算机中运行 Fiddler 进行监听，当测试机器访问 A 平台时，Fiddler 监听到测试机发出的数据包，抓取到指向 B 平台的数据包。

通过分析系统日志文件，发现可疑境外 IP1、IP2 在 x 时间、y 时间、z 时间登录 A 公司服务器 1，并跳转至目标服务器 2。在服务器 1、服务器 2 中有删除和新建 wtmp、btmp、lastlog 日志，以及修改 messages 日志行为。通过分析数据库日志文件发现可疑用户更新了目标服务器 2 数据库表的 Table1 表项，用 B 平台地址替换 A 平台地址。

(5) 鉴定意见

登录后门人员的用户名为"user1"，"user2"登录 A 公司服务器时，使用的 IP 及对应时间为：x 时间使用了 IP1；y、z 时间使用了 IP2。

x 时间：user1 用户（IP1）在服务器 1 上删除了"/var/log/wtmp"、"/var/log/btmp"和"/var/log/lastlog"三个文件，并在服务器 1 中创建了"/var/log/wtmp"、"/var/log/btmp"和"/var/log/lastlog"三个空文件，修改并保存了"/var/log/messages"文件的内容。

y 时间：user1 用户（IP2）先登录了服务器 1，再通过服务器 1 使用 user2 用户登录了目标服务器 2，并修改了××数据库表中的数据。引导 A 平台用户和流量指向 B 平台。

z 时间：user2 用户（IP2）在服务器 2 上删除了"/var/log/wtmp"、"/var/log/btmp"和"/var/log/lastlog"三个文件，创建了"/var/log/wtmp"、"/var/log/btmp"和"/var/log/lastlog"三个空文件，修改并保存了"/var/log/messages"文件的内容。

第 10 章
网络安全应急响应中的平台和工具

在安全事件到来之前,大多数人想当然地认为只要做好主动防御就万事大吉了。但是随着系统和软件功能越来越复杂和强大,主机安全的问题突显,挖矿、勒索、后门等病毒的隐蔽手法越来越多样,仅仅依靠传统的安全工具已不能完全查杀出相关恶意程序和网络攻击行为,这就要求我们不断探索和开发新的工具和平台。

10.1 新一代安全运营中心

1. 什么是安全运营中心

几乎在所有大型企业或机构的 IT 系统中都会有安全运营中心(SOC),它是网络安全防护体系从设备部署到系统建设,再到统一管理,这一发展过程的自然产物。但在实际应用中,SOC 常表现出如下问题:

不能对全量数据进行采集、存储和分析;

缺乏多维度数据与威胁情报的深度关联分析能力;

不具备与其他安全设备的联动能力。

这些问题均导致安全分析人员很难从 SOC 中发现真正的异常网络行为,且不能通过 SOC 进行进一步处理。因此,我们急需新一代 SOC。

2. 什么是新一代 SOC

新一代 SOC(以下简称 NGSOC)是基于大数据架构创建的一套面向政企用户的新一代安全管理系统。NGSOC 利用大数据等创新技术手段,通过流量监测、日志分析、威胁情报匹配、多源数据关联分析等能力为用户提供资产、威胁、脆弱性的相关安全管理功能,并能提供威胁事前预警、事中发现、事后回溯功能,贯穿威胁的整个生命管理周期。

NGSOC 通常需要包含以下主要功能。

① 广泛的数据采集。

② 海量数据的处理和存储。

③ 全要素安全数据分析。

④ 利用威胁情报对威胁进行发现和研判。

⑤ 安全威胁事件调查分析。

⑥ 可视化的安全态势展示。

3. NGSOC 在网络安全应急响应中的应用

（1）为什么应急响应会用到 NGSOC

① 及时定位问题

应急响应人员可借助 NGSOC 对不同系统的海量日志进行搜索、查询和分析，快速定位问题所在。

应急响应人员可通过 NGSOC 实现流量日志、设备/系统日志、威胁情报等多源数据的深度挖掘，发现更多关联安全事件。

② 快速预警处置

当确定问题后，应急响应人员可通过 NGSOC 对事件的威胁影响面、蔓延趋势等按区域或组织结构进行预警通报。

应急响应人员可通过 NGSOC 的联动功能，调用防火墙、EDR 等安全设备对威胁源头进行一键处置。

③ 事件源头追溯

应急响应人员可通过 NGSOC 的事件调查功能将特定时间维度/阶段维度的相关攻击线索信息统筹归纳，并以攻击链视角呈现出来。从而能够将单一维度的威胁面与其他相关阶段的告警有序归纳起来，实现对事件源头的有效追踪。

④ 应急响应经验积累

应急响应事件结束后，应急响应人员可将此次应急响应的经验总结、上传到 NGSOC 的知识库中，以应对日后可能出现的同类型应急事件。

NGSOC助力应急响应示意图如下图所示。

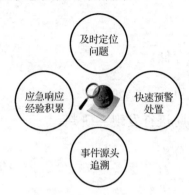

NGSOC助力应急响应示意图

(2) 应急响应中使用NGSOC的场景

在以下场景中常会用到NGSOC：

① 用户设备/系统众多，安全工程师逐台设备/系统进行分析、定位问题的时间太长；

② 海量的日志，需要专业的大数据分析工具来进行快速检索和分析；

③ 安全问题难定位，需要通过流量日志、设备/系统日志和威胁情报进行深度关联分析；

④ 事件影响面大，需要及时按区域或组织结构预警通报；

⑤ 事件蔓延趋势快，需要实时跟踪，快速处置。

(3) NGSOC对应急响应的提升

① 定位问题效率的提升

没有NGSOC，应急响应人员通常需要逐台登录设备查看日志来确认问题。通过NGSOC，应急响应人员可收集全部日志，并进行快速查询、分析，帮助应急响应人员提高定位问题的效率。

没有NGSOC，应急响应人员通常需要登录多个安全系统来进行多源数据间的关联分析，分析时间长且容易出错。通过NGSOC，应急响应人员可在同一系统中对流量日志、设备/系统日志和威胁情报进行关联分析。

② 处置问题效率的提升

没有NGSOC，应急响应人员通常在定位问题后要协调不同安全设备的管理员进行策略调整来进行安全事件的处置，甚至有时还需要安全设备厂家支持，无法保证处置策略的生效时间。通过 NGSOC，应急响应人员可使用防火墙、EDR 等设备对安全事件进行一键处置。

③ 事件趋势的及时跟踪

没有 NGSOC，应急响应人员无法向用户从宏观的角度描述事件的完整状态和趋势变化。通过 NGSOC，应急响应人员可从全局视角向用户展示事件的完整状态和趋势变化，方便用户向领导汇报安全事件的进展情况及应对工作的效果。

4. 实例分析

某企业的客服收到用户的反馈，表示自己的账户存在异常登录的行为，客服部门第一时间把这个情况反馈给应急响应工程师，应急响应工程师通过该企业的 NGSOC 对相关的日志进行分析。

应急工程师通过 NGSOC 调取了事件发生前后一段时间的日志进行分析与审计，调取的日志内容包含所发生问题的认证日志、服务器操作日志、攻击事件日志等与安全相关的日志。通过分析发现，被攻击的服务器确实遭受黑客撞库（以大量的用户数据为基础，利用用户相同的注册习惯，尝试登录其他的系统）的行为，且统计得出撞库成功率约 30%，同时发现了一些存在可疑行为的 IP 地址，并通过 NGSOC 的设备联动功能对其进行了封禁。日志分析如下图所示。

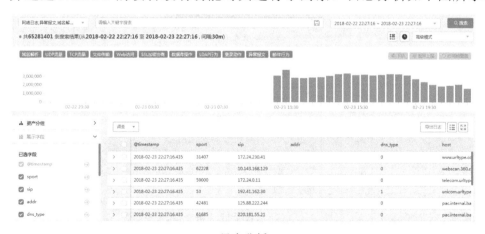

日志分析

根据应急响应工程师的经验，由于撞库的本质是暴力破解攻击，30%的碰撞成功率确实高得不正常。于是应急响应工程师又通过 NGSOC 的调查取证功能，对攻击数据和攻击向量进行了分析和攻击溯源，又发现在两周前，该攻击者制作了一个与该企业某业务系统类似的钓鱼页面，如下图所示。

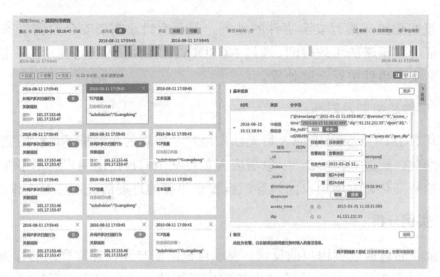

攻击调查取证

应急响应工程师判断，撞库用的数据源很可能是应用该钓鱼页面窃取的部分账户的用户名和密码，同时发现该页面的传播很可能是通过短信伪基站分发钓鱼短信的方式实现的。

应急响应工程师通过 NGSOC 威胁情报关联分析，认定这是一个具备一定规模的黑产团队，如下图所示。最后，协助用户向公安机关报案，同时递交了相应的证据材料。

威胁情报关联分析

10.2 网络安全应急响应工具箱

1. 什么是网络安全应急响应工具箱

面对网络可能出现的各种安全紧急事件，在事件发生后依靠网络管理员和 IT

技术支持人员的技术和经验，人工应对和弥补显然是不现实的。寻找一种能够针对网络系统安全事件，通过一系列标准化、专业化的流程，利用专业的工具集迅速发现问题根源、溯源入侵过程、恢复问题系统，才是问题有效的解决之道。

本节介绍的应急响应工具箱是奇安信集团基于网络安全攻防实战经验，针对网络攻击、网络入侵、勒索软件、挖矿木马等导致的网络安全突发事件，开发出的网络安全应急响应工具箱，该工具箱包含了创新性的应急处置、渗透验证、临时检查功能模块。

应急响应工具箱可提供标准化、规范化的应急处置流程，使用专业的应急响应工具、高效的处置预案可将损失降到最低。同时也将大大降低安全事件应急响应处置的技术门槛，规避流程化不统一、应急响应预案不全面、应急响应工具不专业所带来的问题。

2. 网络安全应急响应工具箱的功能架构

应急响应工具箱提供了一个高效、可靠、便捷的网络安全事件应急响应处置平台，并提供了标准化、规范化、向导式的应急响应流程，同时也集成了一系列高效的应急预案和可靠的专家知识库，以及丰富的应急响应处置工具集。应急响应工具箱架构图如下图所示。

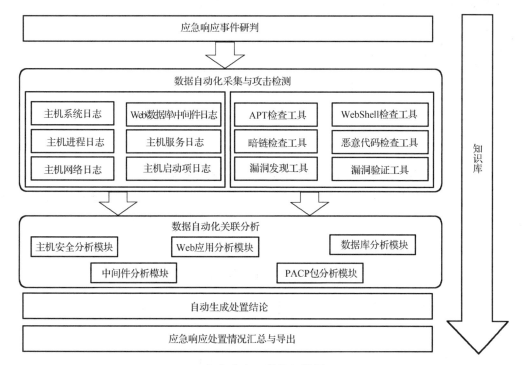

应急响应工具箱架构图

(1) 应急响应事件研判

应急响应事件研判主要包括两个阶段，分别为：新建应急响应处置任务和生成应急响应处置内容。

新建应急响应处置任务，主要包括：新建基本信息、应急处置人员信息、安全事件信息、资产信息等。

① 基本信息：包括单位信息、系统信息等。

② 应急处置人员信息：包括处置人员类型、单位名称、姓名及联系方式等。

③ 安全事件信息：包括事件名称、发现时间、事件分类、事件等级等。

④ 资产信息：包括资产类型（主机/服务器、边界设备、存储设备、其他设备）、资产名称、IP地址等。

其次，再根据现场调查与访谈内容，对事件类型进行判断，根据事件类型，选择相应的处置场景，进行专项处置，生成应急响应处置内容。

(2) 数据自动化采集与攻击检测

通过数据自动化采集汇总主机、中间件、Web、数据库等日志数据，并调用恶意代码检查工具、APT检查工具、WebShell检查工具、暗链检查工具等，检测木马病毒、勒索等攻击事件。

应急响应工具箱支持的数据采集内容及检查工具可参见应急响应工具箱架构图。

(3) 数据自动化关联分析

数据自动化关联分析包括：主机安全分析模块、中间件分析模块、Web应用分析模块、PACP包分析模块和数据库分析模块。采用大数据威胁情报技术可对主机/服务器、应用系统等进行自动化关联分析，发现并溯源暗链、勒索等攻击事件。

应急响应工具箱支持对以下内容的数据进行汇总与分析：

① 汇总事件数据信息，可添加或导入事件的相关数据信息；

② 调用相关应急响应检查工具进行检查，支持检查操作系统漏洞、网站漏洞、数据库漏洞、WebShell后门、病毒、木马等威胁；

③ 对操作系统日志、中间件日志、边界设备日志进行自动化分析。

(4) 自动生成处置结论

根据事件调查信息、访谈记录、存在的安全漏洞情况、安全事件发生原因、安全事件发生过程等，生成安全事件处置结论。

(5) 应急响应处置情况汇总与导出

对应急响应处置过程进行总结，包括总结存在的安全事件、安全事件发生原因、安全事件发生过程等，并导出安全事件总结报告。

应急响应工具箱支持对以下内容的汇总与导出：

① 网络安全事件上报表；

② 网络安全事件备案表；

③ 网络安全事件现场调查表；

④ 第三方网络安全事件分析表；

⑤ 网络安全事件处置工作报告。

3. 网络安全应急响应工具箱的主要优势

应急响应工具箱旨在制定安全应急响应预案，记录和跟踪安全事件，抑制和根除安全隐患，为安全事件的解决提供指导和建议。其主要具备以下优势。

① 极大地提升网络安全事件应急响应处置工作效率。快速处置网络突发事件，将损失和影响降到最低。降低应急响应处置技术门槛，普通技术人员可快速上岗。集安全应急响应知识和工具于一身，满足日常学习培训需求。

② 持续更新威胁情报，实时进行数据分析。大量威胁情报会持续更新到应急响应工具箱供数据分析使用。

③ 多维度自动化关联分析，及时发现攻击事件。对安全事件进行多维度关联分析，结合大数据威胁情报中心，发现更多的攻击事件，以便对安全事件进行攻击溯源。

④ 不断更新检查工具，达到快速响应。将持续对网页后门、网站安全、系统漏洞、SQL注入、病毒检查、木马检查和弱口令检查工具等进行更新。

⑤ 强大的知识库。集网络安全应急响应知识和静态漏洞库于一身，为应急

响应处置过程提供知识支撑。通过上万次应急响应处置事件，总结处置经验和方法，形成了6类场景(勒索、挖矿、链路劫持、高级威胁、网站后门、DDoS攻击)，上百种安全事件的处置方案，覆盖政府、金融、教育、军工、医疗等领域。

10.3 网络安全应急响应中的常用工具

1. APT检查工具

(1) 工具简介

APT攻击的突出特点是"隐蔽性"，在进行上机检查时，"隐蔽性"极大地增加了上机排查的难度。在大量的文件中筛选真正的APT样本，无论是在技术角度还是在工作量角度，都十分困难。要求排查人员具有相当丰富的分析经验和快速准确的判断能力。

APT检查工具能够从文件特征与行为特征两种维度进行分析检查，快速提取出APT病毒的相关信息(注册表、文件、计划任务等)，同时结合APT检查工具中的PCHunter、ProcessHacker、Autoruns工具，实现病毒的提取与清除工作。利用样本特征扫描可以实现快速排查，降低人工判断的漏检率，对无病毒分析经验的技术人员来说可操作性强、使用体验佳。

(2) 发展趋势

APT样本善于伪装成正常的文件，专业的病毒分析人员依托多年的技术经验可以快速检查APT样本。但是，由于大部分驻场人员并非病毒分析专家，因此他们在进行上机检查时，存在诸多困难。目前市面上的APT检查工具主要是从流量的角度建立监控报警等机制，还没有一款专门用于辅助技术人员进行上机检查APT样本的工具。

因此，更具优势的APT检查工具应该基于注册表、文件、进程、互斥变量、网络、内存、环境变量、计划任务、yara规则等多种指标，使得APT样本检查更加准确，降低人工检查漏检的可能性。通过自动化检查能力可提高驻场人员的检查效率。

(3) 典型产品案例

下图为一款典型的APT检查工具的主界面。

APT 检查工具的主界面

通过扫描，发现 APT 病毒样本，如下图所示。单击"查看详情"按钮，可查看 APT 病毒详情。

发现 APT 病毒样本

打开的 APT 病毒详细页如下图所示。

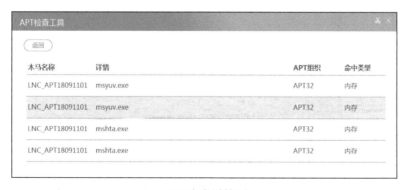

APT 病毒详情页

2. 勒索病毒检测工具

（1）工具简介

勒索病毒是近年来影响相当大的病毒之一，主要以邮件、程序木马、网页挂马的形式进行传播。计算机/系统一旦感染，其中的文件都将被加密，一般无法解密，只有交付赎金，拿到解密的私钥才能破解。

国内的安全厂商针对不同类型勒索病毒的特点和攻击手法开发了多种专杀工具。例如，释放 GlobeImposter 勒索病毒的黑客一般会从外网打开突破口后，以工具辅助手工的方式，对内网其他机器进行渗透，包括对内网其他主机进行口令的暴力破解，从而达到在内网横向移动到新主机进行攻击的目的。因此，存在弱口令的主机更容易遭到攻击者的侵害。

奇安信集团天擎团队针对这样的勒索病毒推出检测工具，主要检测终端用户的账户是否存在弱口令及高危账号，并扫描终端文件，对 GlobeImposter 勒索病毒进行查杀。

（2）典型产品案例

下图为运行后的 GlobeImposter 勒索病毒检测工具界面。

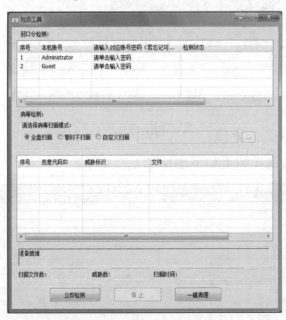

运行后的 GlobeImposter 勒索病毒检测工具界面

① 弱口令检测。检测工具在初始运行时，就会检测当前终端存在的所有账户，将遍历结果呈现在当前窗口中，如下图所示。

弱口令检测

用户需要单击每个账号后的输入框，输入对应的密码，若忘记，可以选择跳过，如下图所示。

输入账号密码

输入完成后，检测状态会发生改变，如下图所示。

检测状态会发生改变

单击"立即检测"按钮，开始检测输入的弱口令。

② 勒索病毒检测。需要在管理员权限下运行检测工具，用户可以根据实际需要，选择对应的病毒扫描模式，包括：全盘扫描、暂时不扫描、自定义扫描，如下图所示。

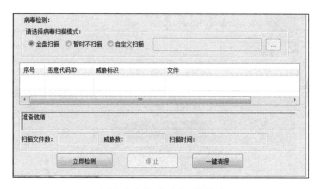

选择对应的病毒扫描模式

选择完模式后，单击"立即检测"按钮，开始扫描选择的路径，当检测出病毒文件时，单击"一键清理"按钮，可将所有的病毒文件删除。

3. 勒索病毒解密工具

勒索病毒种类繁多，市面上有近百种解密工具，但受害者往往会因无法分辨病毒类型或无处获取解密工具，而错失恢复文件的机会。"360解密大师"可一键扫描被感染的文件，智能识别病毒类型，并为能破解的文件提供解密工具，为暂时无法破解的文件提供数据恢复建议。目前，该工具可破解80多种勒索病毒。

"360解密大师"的使用方法如下。

① 下载并安装"360安全卫士"。

② 打开"360安全卫士"，在"功能大全"的"数据安全"工具项中选择下载"文件解密"工具并安装，如下图所示。

下载"文件解密"工具并安装

③ 安装后打开工具，单击"立即扫描"按钮，即可自动识别被勒索病毒加密的文件，实现一键解密恢复，如下图所示。

工具界面

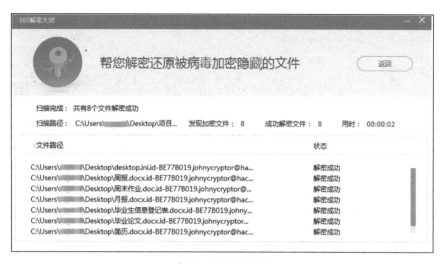

实现一键解密恢复

勒索病毒虽然普遍采用高强度的加密算法，但有很多勒索病毒家族存在加密漏洞或密钥泄露的情况，并非完全无法破解。在不久前爆发的"永恒之蓝"勒索攻击中，安全专家就通过发现病毒加密漏洞，推出文件恢复工具，帮助众多病毒受害者成功恢复了部分资料。

第 11 章
网络安全漏洞响应平台

从关口前移的角度看,应急响应能力建设的目标之一是尽可能减少突发网络安全事件给机构、企业带来的损失。漏洞响应平台和漏洞响应能力的建设,正是预防和及时止损的重要环节,是机构、企业应急响应能力建设的一个特殊的方面。

11.1 漏洞概述

1. 漏洞无处不在

在计算机领域,漏洞特指系统的安全方面存在缺陷,一般被定义为信息系统的设计、编码和运行当中引起的,可能被外部利用,从而影响信息系统机密性、完整性、可用性的缺陷。并不是所有的缺陷都是漏洞,只有可以被外部利用的缺陷才称为漏洞。当利用缺陷的方法出现时,漏洞导致的现实威胁就出现了。就像"心脏滴血"漏洞,引发这个漏洞的缺陷在爆发前两年就已经存在,当黑客利用这个缺陷获取服务器里用户的敏感信息,影响数据的机密性时,就构成了漏洞。

从零售到医疗,从可穿戴设备到智能汽车,物联网正在影响着众多行业。与此同时,爆发出的安全事件也在不断增多。根据《2018 年摄像头安全报告》,全球 288 个国家的摄像头曾暴露在对外公开的网络中,设备总数达到 2635 万。而摄像头漏洞在 2013 年只有 87 个,在 2018 年达到 221 个。2017 年,物联网安全研究公司 Armis 在蓝牙协议中发现了 8 个 0day 漏洞,这些漏洞将影响超过 53 亿台设备。利用这些蓝牙协议漏洞,攻击者可以从事网络间谍、数据窃取、勒索攻击,甚至利用物联网设备创建大型僵尸网络(如 Mirai 僵尸网络)。

一些医疗、智能汽车领域的漏洞,将会威胁到个人生命安全。早在 2016 年年底,白帽黑客就发现可以远程控制某品牌心脏起搏器。2015 年,某汽车品牌的车载娱乐系统存在漏洞,导致其刹车与转向系统被远程控制,最终 140 万辆问题汽车被召回。

根据中国国家信息安全漏洞共享平台(CNVD)统计数据,2000—2009 年,CNVD 每年收录的工业控制系统漏洞数量一直保持在个位数,但从 2010 年开始,漏洞逐渐增多,2018 年发现的漏洞数量达 400 余个。一旦这些漏洞被黑客利用,将会造成工业企业停产、核心技术机密泄露等,如果涉及电力、水利等基础设施,还会影响到人们的日常生活,甚至威胁社会稳定和国家安全。

2. 漏洞的危害与修复

随着应用系统越来越复杂,漏洞的存在几乎是不可避免的,漏洞一旦被利用,将会产生巨大的危害。下面将通过一些案例介绍漏洞的危害与修复。

(1)WannaCry 勒索蠕虫病毒事件

2017 年 5 月,WannaCry 大规模爆发,5 月 12 日当天 99 个国家遭受攻击,其中包括英国、美国、中国、俄罗斯、西班牙和意大利。到 5 月 15 日,WannaCry 造成至少 150 个国家受到网络攻击,影响金融、能源、医疗等行业,造成严重危害。

WannaCry 通过 MS17-010 漏洞在全球范围大爆发,感染了大量的计算机。该勒索蠕虫病毒感染计算机后会在计算机中植入病毒,导致计算机大量文件被加密。受害者计算机被黑客锁定后,病毒会提示支付价值相当于 300 美元(约合人民币 2069 元)的比特币才可解锁。

(2)墨西哥银行被盗

2018 年 5 月,黑客通过国内银行间支付系统,从 5 家公司窃取了大约 3 亿比索(1535 万美元),并利用数百次转账分散到不同账号,在全国数十家银行取现。

攻击发生在 2018 年 4 月下旬,黑客利用各个银行和支付系统之间的联系发送虚假指令,将钱转到受控账号。墨西哥中央银行花了数周时间调查事情经过,但尚未找出黑客利用的手法。据外媒报道,三家银行 4 月 27 日在软件筛查过程中发现漏洞,其他银行继而马上进入安全检测模式,发现巨款"窟窿"。墨西哥官方电子支付系统 SPEI 没有受到破坏,可能是由其他机构或第三方提供的连接支付系统的软件出现了漏洞。墨西哥中央银行的银行间支付系统 SPEI 与 SWIFT(国际通用的银行间结算系统)系统类似,每天可以转出数百亿美元资金。

很多的安全事件,如黑客入侵网站、盗窃金融机构、窃取商业文件、发动高级攻击、传播勒索病毒等活动，都会利用系统漏洞作为突破口。当系统存在漏洞的时候，一般的防护手段都是无效的。只有及时发现漏洞，修补漏洞，才能保证系统的正常运行。因此，世界各国政府、组织、企业建设了大量的漏洞数据库、漏洞响应平台，来解决漏洞带来的危害。

当前的漏洞响应平台可分为三类：第一类是政府及国际组织建立的，如美国国家漏洞数据库(NVD)、中国的国家信息安全漏洞共享平台(CNVD)等，主要通过联合政府部门、企业、研究机构等收集漏洞，发布预警信息，目的是提高整个国家的安全防护水平；第二类是第三方组件的平台，如国外的Hacker One、国内的补天漏洞响应平台等，主要通过奖金的方式吸引白帽子提交漏洞，然后再通报给相关机构，形成平台、社会力量、机构之间的联动；第三类是企业自建的漏洞响应平台，通常通过赏金的方式来吸引白帽子提交本企业的漏洞，提高自己系统的安全性。

漏洞虽然无处不在，但也并不是每个漏洞都会被利用，直接造成危害。如2003年大规模流行的冲击波病毒(一个星期感染了全球80%的计算机)，以及2015年爆发的WannyCry都是利用已知但尚未修复的漏洞发起的攻击。因此，对于披露出来的漏洞，及时修补才是最重要的。

2017年出台的《网络安全法》的第二十二条也规定，网络产品、服务的提供者不得设置恶意程序；发现其网络产品、服务存在安全缺陷、漏洞等风险时，应当立即采取补救措施，按照规定及时告知用户并向有关主管部门报告。根据补天漏洞响应平台的修复数据，2016年平均的漏洞修复率仅为42.9%，到了2017年上升到74.4%。

11.2　国内外知名的漏洞平台

欧美发达国家均高度重视网络安全漏洞的管理及控制工作，美国更是将网络安全漏洞管理作为几届政府网络安全战略的重要内容，建立了开放灵活的漏洞收集、发布等管理机制，经营着全球最大的漏洞库。

1. 美国国家漏洞数据库(NVD)

美国国家漏洞数据库(NVD)由美国国家标准与技术委员会中的计算机安全资源中心于2005年创建，由美国国土安全部的国家网络安全司提供赞助。NVD拥有高质量的漏洞数据资源，是漏洞发布和安全预警的重要平台。同时，NVD和学术界、产业界保持高度合作，将漏洞数据广泛应用于安全风险评估，终端安全配置检查等领域，为国家网络安全保障做出了巨大贡献。NVD 的特点如下。

NVD 数据资源丰富、漏洞描述全面详尽。NVD 包含 11 万多条漏洞条目，每个漏洞条目包含漏洞编号、发布日期、更新日期、数据来源、漏洞描述、CVSS 评分、危害评分、利用评分、攻击途径、攻击复杂度、认证级别、危害类型、参考资源、受影响的软件及版本、漏洞类型等属性。完善的漏洞数据为用户排除系统中的隐患提供了支持，起到了很好的安全预警作用。

NVD 结构规范、发布的信息权威。NVD 严格采用通用漏洞披露（Common Vulnerability and Exposures，CVE）的命名标准，即所有的漏洞都有 CVE 编号；漏洞评级遵照通用漏洞评估系统（Common Vulnerability Scoring System，CVSS）进行；受影响的系统和软件使用通用平台列举（Common Platform Enumeration，CPE）中规范的语言进行描述；漏洞分类则按照通用缺陷列举（Common Weakness Enumeration，CWE）进行划分，十分权威。规范的漏洞库结构和对标准的全面支持，是漏洞数据共享、流通和应用的基础。

另外，基于 NVD 提出了 SCAP（Security Content Automation Protocol）计划。SCAP 是一种使用安全标准进行自动化漏洞管理、度量，以及安全策略符合性评估的方法。该方法和 CVE、CVSS、CPE、CWE 等标准紧密结合，应用结构化、形式化的漏洞信息进行自动化的安全风险评估和终端安全配置检查，大大提高了漏洞检测和修复的效率。

NVD 提供了强大的数据统计功能。支持按照 CWE 分类、CPE 的厂商和产品名称、CVSS 的评分向量、发布时间、关键字等进行组合查询，用户可以方便地统计历史时间段内不同类型、不同危害级别、不同产品的漏洞数量和趋势，NVD 还可将统计结果绘制成直观的图表反馈给用户。

NVD 免费提供 XML 格式的漏洞数据下载。数据内容包含了网站上公布的漏洞的所有信息。基于标准、规范的漏洞数据，用户可以根据自身需求方便地进行二次开发。

2. CVE（Common Vulnerability and Exposures）漏洞库

CVE 是国际著名的安全漏洞库，也是对已知漏洞和安全缺陷的标准化名称的列表，开始建立是在 1999 年 9 月，是一个由企业界、政府界和学术界参与的国际性组织，采取一种非营利的组织形式，其使命是更加快速、有效地鉴别、发现和修复软件产品的安全漏洞。

CVE 就好像是一个字典表，为广泛认同的网络安全漏洞或者已经暴露出来的弱点给出一个共用的名称。使用一个共用的名称,可以帮助用户在各自独立的漏洞数据库和漏洞评估工具中共享数据,虽然这些工具很难整合在一起。这样就使得 CVE 成为安全信息共享的"关键字"。如果在一份漏洞报告中指明了一个漏洞,其有 CVE 名称,就可以快速地在任何其他与 CVE 兼容的数据库中找到相应的修补信息,解决安全问题。

CVE 的编辑部成员包括各类网络安全相关组织。通过开放和合作式的讨论,编辑部决定哪些漏洞可纳入 CVE,并且确定每个条目的共用名称和描述。编辑部会议和讨论的内容会保存在网站中。

3. 美国卡内基梅隆大学 CERT 漏洞数据库(CVN)

1998 年,美国国防高级研究计划局在卡内基梅隆大学软件工程研究所建立计算机紧急事件响应小组/协调中心(CERT/CC),其目的在于应对互联网安全事件,第一时间进行应急响应。日常工作包括:收集和发布互联网安全事件和安全漏洞,提供安全技术支撑、安全更新建议和安全应急响应等。CERT/CC 会定期在自己的网站上更新漏洞信息,基于此建立 CERT 漏洞数据库(CVN)。CVN 在收录漏洞信息后不会直接公开,而是首先联系相关厂商,允许存在漏洞的厂商在 45 日内修复漏洞并发布更新补丁,然后才会在漏洞库网站中发布漏洞信息。CVN 拥有权威的数据来源,并提出了漏洞危害评估方案,量化了漏洞危害程度。但是,CVN 的漏洞数据来源相对单一,漏洞数据不够全面,漏洞数量较少。

4. 日本漏洞库(JVN)

JVN 旨在为日本使用的软件产品提供漏洞信息及解决方案,确保其网络安全。日本计算机应急响应小组/协调中心(JPCERT/CC)和信息技术促进局(IPA)自 2004 年 7 月以来一直与网络安全预警合作伙伴的产品开发人员及漏洞发现者合作,收集漏洞信息并建立安全分发。

漏洞信息报告给 IPA 时,也将传递给 JPCERT / CC。JPCERT / CC 指定受影响的软件产品并与开发人员协调。当用户可以使用补丁或软件更新等漏洞解决方案时,开发人员声明的漏洞详细信息将发布在 JVN 上。

JVN 还发布由美国计算机应急响应小组/协调中心发布的技术网络安全警报和漏洞说明、英国国家基础设施保护中心(CPNI)发布的漏洞建议,以及独立收集的有关公众可用产品的漏洞信息。

5. 赛门铁克漏洞库（SecurityFocus）

赛门铁克建立的 SecurityFocus 已经收录了超过 9 万条漏洞信息，该漏洞库公布的漏洞信息不仅包含简要描述，最大的特点是还包含了许多技术细节，是针对专业技术人员和网络安全爱好者的漏洞库系统，其中攻击方法、脚本实例等内容为安全工作者分析漏洞提供了便利。SecurityFocus 因其专业性而深受广大安全专家的喜爱，并且相对于 NVD 这类官方的漏洞库，SecurityFocus 的漏洞发布途径更加便捷，经常会有新漏洞曝出，是漏洞信息的重要来源，更新及时准确，在国际上具有较大的影响力。但 SecurityFocus 在对漏洞数据的整理上存在不足，没有对漏洞数据进行标准化的系统分类，也没有对漏洞进行权威的危害等级评估。

6. 国家信息安全漏洞共享平台（CNVD）

建立 CNVD 的主要目标是与国家政府部门、重要信息系统用户、运营商、主要安全厂商、软件厂商、科研机构、公共互联网用户等共同建立软件安全漏洞统一收集验证、预警发布及应急处置体系，切实提升我国在安全漏洞方面的整体研究水平和及时预防能力，进而提高我国信息系统及国产软件的安全性，带动国内相关安全产品的发展。

7. 国家信息安全漏洞库（CNNVD）

CNNVD 于 2009 年 10 月 18 日正式设立，是中国信息安全测评中心为切实履行漏洞分析和风险评估的职能，负责建设、运维的国家信息安全漏洞库，面向国家、行业和公众提供灵活多样的安全数据服务，为我国网络安全保障提供基础服务。

CNNVD 通过自主挖掘、社会提交、协作共享、网络搜集及技术检测等方式，联合政府部门、行业用户、安全厂商、高校和科研机构等社会力量，对涉及国内外主流应用软件、操作系统和网络设备等软/硬件系统的网络安全漏洞开展采集收录、分析验证、预警通报和修复消控工作，建立了规范的漏洞研判处置流程，通畅的信息共享通报机制，以及完善的技术协作体系。处置漏洞涉及国内外各大厂商，涵盖政府、金融、交通、工业控制、卫生医疗等多个领域，为我国重要行业和关键基础设施安全保障工作提供了重要的技术支撑和数据支持，对提升全行业网络安全分析预警能力，提高我国网络和信息安全保障工作发挥了重要作用。

8. 安全漏洞数据库（NIPC）

NIPC 由中国科学院研究生院国家计算机网络入侵防范中心负责建设。该中心以保护我国网络空间安全为宗旨，主要从事黑客防范技术的研究，占领网络安全的技术制高点。作为国家计算机网络与信息安全管理办公室的依靠力量，承担和协调国内各种黑客事件的防范处理，协助办公室完成关键部分的应急处置任务，解决社会上的应急/救援组织难以解决的网络安全疑难问题，是国家计算机网络应急处理体系中的重要部门。

11.3　第三方漏洞响应平台

1. HackerOne

HackerOne 是一个由黑客驱动的安全平台，帮助组织在被利用之前找到并修复关键漏洞。HackerOne 创建于 2012 年，总部设在旧金山。2016 年，美国国防部使用 HackerOne 平台发起了一项名为"Hack the Pentagon"的计划。为期 24 日的计划发现并减轻了网站上的 138 个漏洞。同年 10 月，国防部制定了漏洞披露政策（Vulnerability Disclosure Policy，VDP），这是美国政府创建的第一个此类政策。该政策概述了网络安全研究人员可以合法探索面向安全漏洞的前端计划的条件。VDP 的首次使用是作为"Hack the Army"计划的一部分发起的，这也是美国军方第一次欢迎黑客发现并报告其系统中存在的安全漏洞。

HackerOne 主要的赢利模式为：通过建立的漏洞众测平台，由众测企业向黑客支付发现漏洞的奖励，HackerOne 从企业奖励中抽取一定的费用。目前提供三种模式：第一种模式为"HackerOne Response"，即企业在平台上建立自己的披露政策，定向邀请白帽子发现漏洞，然后由自己的安全团队进行审核、分类、处理、公布漏洞；第二种模式为"HackerOne Challenge"，是企业建立一个私有的、独立项目的、有时限的漏洞评估程序，类似进行一次渗透测试，挑战完后会总结一份详细的报告；第三种模式为"HackerOne Bounty"，即企业建立的测试计划完全公开在平台上，任何白帽子都可以加入，全程可以托管给 HackerOne 或者自己的安全团队进行管理。还可以向企业提供付费服务模式，如漏洞订阅服务、漏洞披露指导、安全咨询等。

目前，美国国防部、通用汽车公司、谷歌、Twitter、Github、任天堂、高通、星巴克、Dropbox、英特尔、美国 CERT 等 1200 多家机构、企业与 HackerOne

合作。截至 2018 年年底，平台注册黑客人数已突破 30 万人，提交的有效漏洞总计超过 10 万个，奖励金额超过 4200 万美元。

2. Bugcrowd

Bugcrowd 成立于 2012 年，是一家诞生于澳大利亚的企业安全测试众包企业，现在的总部位于旧金山。其是最早采用众测模式帮助用户发现安全问题，寻找漏洞的国际化安全服务平台之一。已拥有来自 112 个国家的 73000 多名优秀白帽，每年向用户提交数万个有效漏洞。Bugcrowd 平台的众测项目十分多元化，微软、谷哥、脸书、亚马逊、万事达卡、菲亚特等诸多国际企业都在 Bugcrowd 拥有漏洞奖励项目，用来检测软件或产品的安全性和可靠性。Bugcrowd 模式基本与 HackerOne 相同，同时还增加了 Bugcrowd 大学，组织免费的网络研讨会和指导。

3. Synack

Synack 于 2013 年创立，总部位于加利福尼亚州红木城，是一家全球性组织，曾为美国军方和美国国防部等敏感系统执行一系列众包安全项目。

4. 补天漏洞响应平台

补天漏洞响应平台原名为"库带计划"，成立于 2013 年 3 月，是国内首个使用现金奖励，专注于漏洞响应的第三方公益平台。2014 年 12 月 1 日 10 时正式更名为"补天漏洞响应平台"，简称"补天平台"。补天平台通过充分引导，培养民间的白帽力量，实现实时的、高效的漏洞报告与响应，守护机构、企业网络安全，积极推动互联网安全行业的发展。

该平台在 2013 年 3 月推出时，是一项针对开源建站系统漏洞的有奖征集项目。该项目通过现金奖励的方式，公开征集建站工具软件/系统存在的漏洞，以帮助软件公司和开发者及时修复漏洞，加强网站对黑客攻击的防范能力，并加强网站安全产品的漏洞检测能力和攻击防御能力。

从 2014 年 6 月开始，除了通用型漏洞，补天平台也开始收到事件型漏洞的报告。事件型漏洞主要是指网站或应用的一个具体漏洞，只对该网站自身有影响，如某著名企业门户网站存在重要信息泄露等。

面对复杂多变的网络安全态势和层出不穷的攻击手段，补天平台通过 SRC（Security Response Center，安全应急响应中心），采用众测等方式服务广大机构、企业，以安全众包的形式让白帽子从模拟攻击者的角度发现问题，解决问题，帮助机构、企业树立动态、综合的防护理念，维护机构、企业网络安全。

补天平台通过帮助机构、企业建立 SRC，一方面，可以最大程度避免机构、企业由于安全漏洞遭受损失；另一方面，尊重白帽子的劳动产出，让白帽子获得收益。

在 2014 年下半年提供专属 SRC 服务之后，于 2016 年 4 月，补天平台又推出众测服务。众测服务是补天平台基于众包模式打造的互联网安全测试服务，通过集结国内顶尖的安全专家团队，采取真实环境进行渗透测试，帮助机构、企业发现系统和业务中的漏洞及风险，为其提供深度定制化的安全测试服务方案。

2017 年 9 月推出漏洞情报服务，主要提供第一手的面向不同行业的漏洞情报。通过补天平台 4 万余名白帽子及补天安全专家获得的漏洞数据，经过联合分析研判、协同挖掘和脱敏加工，将最终形成深层次的行业漏洞情报。通过补天平台行业标签算法，第一时间向行业用户进行精准推送。补天平台希望将多种安全服务有机整合，进一步提升机构、企业的漏洞响应能力和积极防御能力。

截至 2019 年 2 月，补天平台发现的漏洞数量超过 32 万个。曾被评为技术支持先进单位、漏洞信息报送突出贡献单位和一级技术支撑单位。

5. 漏洞盒子

漏洞盒子是一个高效的企业级互联网安全测试平台，也是国内知名互联网安全网站 FreeBuf 黑客与极客的兄弟产品。

通过在漏洞盒子中融入契约精神、有效沟通及资源的合理配置，可以为机构、企业提供优质的互联网安全服务。

第4部分 Part 4　网络安全应急响应人才培养

第 12 章
网络安全人才的现状

12.1 网络安全人才短缺

当今，信息化已经成为人类主流社会生活的重要方式和手段。与此同时，网络与信息安全问题突显，成为信息化发展过程中极为重要的影响因素。从传统的互联网到移动互联网，再到物联网，攻击者通过网络进行不断的攻击与渗透，网络空间安全挑战无处不在。

为保护网络空间安全，高水平的专业网络安全人才是核心要素。未来网络空间中的对抗，其实质是网络安全人才的质量、数量，以及对人才合理调配、运用的综合比拼。

2018 年，全球范围内网络安全事件日益增加，《网络安全法》及一系列配套政策法规逐步落地实施，国内机构和企业对网络安全的重视程度也日益提高。智联招聘和 360 互联网安全中心联合发布的《网络安全人才市场状况研究报告》显示，从 2016 年开始，网络安全岗位的人才需求持续增长，特别是在 2016 年下半年，需求规模环比增长了 191.0%；2017 年下半年，需求规模环比增长了 32.4%。根据中国信息通信研究院发布的《中国网络安全产业白皮书(2018)》，全球网络安全岗位人才短缺形式日益突出。国际咨询机构预测，2019 年的网络安全岗位缺口将在 100~200 万个，而到了 2021 年，缺口将达到 350 万个。

12.2 不断重视网络安全人才培养

在网络系统安全保障工作中，人是最核心，也是最活跃的因素。人员的网络安全意识、知识与技能已经成为保障网络系统安全稳定运行的基本要素之一。网络安全人才的培养得到了许多国家的高度重视，美国、俄罗斯、日本等 50 多个国家出台了国家网络安全战略，制定了专门的网络安全人才培养计划。例如，美国启动"国家网络空间安全教育计划",期望通过国家的整体布局和行动,在网络空间安全常识普及、正规学历教育、职业化培训和认证等方面建立系统化、规范化的人才培养制度,全面提高美国的网络空间安全能力。

我国的网络安全人才培养工作同欧美等发达国家相比,起步较晚,但进步很快,培养网络安全人才已被确定为国家中长期的发展战略。

2014年2月27日,中央网络安全与信息化领导小组正式成立,习近平总书记任组长,主持第一次会议并发表重要讲话。培养高素质的网络安全和信息化人才队伍是网络强国战略的重要任务之一。

2016年4月19日,习近平总书记对网络安全工作做出了重要的指示,特别强调:网络空间的竞争,归根结底是人才竞争。

《关于加强网络安全学科建设和人才培养的意见》(中网办发文〔2016〕4号)中也提到要加强网络安全从业人员在职培训,加强全民网络安全意识与技能培养,完善网络安全人才培养配套措施。

《网络安全法》第二十条要求:国家支持企业和高等学校、职业学校等教育培训机构开展网络安全相关教育与培训,采取多种方式培养网络安全人才,促进网络安全人才交流。

2015年6月,"网络空间安全"正式获批为一级学科。2019年,全国开设网络安全相关专业的高校约有241所。高等院校大力发展网络安全人才培养,将有效缓解网络安全人才的巨大缺口。

12.3 网络安全人才培养模式探索

网络安全是一门关注攻防实战的学科。但在学校的教育过程中,攻防实战技术的教学往往是一个难点。《网络安全人才市场状况研究报告》显示,超过八成高校老师认为"教师缺乏实战经验"是网络安全人才培养的难点。同时,半数以上的高校老师认为,目前市面上缺少实用型教材,教学实验不好做。

客观说,网络安全教学需要实战环境,但真实的系统又不太可能被用于高校的现场教学。因此,网络安全教育本身也需要相当程度的现代教育技术和网络技术的支持,才能实现实战或准实战的目标。

随着网络安全人才需求的加大,以及国家、社会、企业的重视,网络安全人才培养已经初步探索出多元化的培养模式。

1. 校企合作培养进入深度模式

在网络安全人才培养过程中,高校对企业的合作需求已经从单纯的解决实训设备及环境问题,进一步深入到了共同建设讲师人才梯队,深度参与企业项目等方面。高校对企业工程师长期授课、分享更多前沿技术的需求日益增长,而学生也可以通过参与真实项目以练代学。

2. 就业培训模式解决企业困境

以就业为导向的社会机构培养模式也可为网络安全人才培养提供有力支撑。目前,国内一线安全企业及各类知名 IT 培训机构均已开展网络安全人才培养的就业培训班。其中,2017 年年末成立的 360 网络安全学院就是此类模式的典型代表,此模式可以更快速、更精准地培养企业定向岗位上的相关人才。

3. 企业付费员工参训需求明显

企业网络安全岗位员工的技能提升是目前各大企业关注的焦点之一。2018 年,企业付费让网络安全岗位员工参与外部技术培训的情况明显增多。更多的企业为留住网络安全人才,开始为网络安全岗位的员工提供长期技术能力提升的培训福利。目前,针对企业级客户的网络安全培训机构也在不断增多,该细分领域未来将迎来持续性增长。

第13章
网络安全应急响应知识体系及资质认证

13.1 网络安全应急响应人员需掌握的知识体系

网络安全应急响应工作需要在网络攻击事件发生的第一时间进行及时的响应，迅速确定事件的类型和危害级别，并果断采取有效措施，加以遏制、根除和恢复，并对事件进行深入分析，配合国家相关机构完成取证等工作，从而成功抵御未来类似事件出现时带来的侵害，同时为查获攻击源头、还原攻击过程、打击网络攻击犯罪行为提供有效的支持。

网络安全应急响应人员应该掌握应急响应基本概念、应急响应技术基础、应急响应事件监测、应急响应事件分析与处置、企业应急响应典型事件五大知识体系。

应急响应基本概念：主要包括应急响应概念、应急响应事件分类、应急响应启动条件、应急响应目标、应急响应预案制定，以及与一般处置流程相关的技术知识。

应急响应技术基础：主要包括 Windows 应急响应、Linux 应急响应、日志分析、应急响应工具配备和相关的技术知识。

应急响应事件监测：主要包括威胁情报运营、安全监控相关技术知识和实践。

应急响应事件分析与处置：主要包括事件分析、制定应急响应计划、响应处置工作流程、应急响应报告编写、事件跟踪总结相关技术知识和实践。

企业应急响应典型事件：主要包括有害程序事件、网络攻击事件、信息破坏事件、其他网络安全事件相关技术知识和实践。

13.2 网络安全应急响应相关的资质认证

1. 注册信息安全专业人员—应急响应工程师

注册信息安全专业人员—应急响应工程师（Certified Information Security Professional-Incident Response Engineer，CISP-IRE）是 2018 年 12 月 13 日，由中国信息安全测评中心与奇安信集团联合推出的技能水平注册考试。

近年来，不断出现的针对国家范围、洲际范围乃至全球范围的攻击事件说明安全问题已经不再仅是对个人、组织或某个地区造成危害。隐匿在互联网空间中的攻击者们，利用各种途径，通过多种攻击手段，对网络信息系统及其所承载的应用进行此起彼伏的攻击，在当前网络空间安全威胁中占有极大的比重，远高于其他非人为因素对网络信息系统带来的损害。

面对如此严峻的网络安全形势，在对网络攻击有效防护与应对方面，除事先通过渗透测试有效掌握网络信息系统自身的脆弱性，并在受到攻击之前进行有效加固和充分的防护外，还需要能够在网络攻击事件发生的第一时间进行及时的响应，迅速确定事件的类型和危害级别，并果断采取有效措施。

基于以上指导思想，中国信息安全测评中心组织开展了网络安全应急响应方向高端人才培养的前期调研和分析，并同奇安信集团一起，集中多位国内网络安全应急响应领域的技术专家，编制出了符合实际工作需要的教学课程知识体系大纲。经过学习并通过 CISP-IRE 技能水平注册考试的人员，无论是在网络信息系统的使用单位，还是在网络安全服务提供单位，都将成为重要安全保障核心技术人才。

2. 注册信息安全专家

注册信息安全专家（Certified Information Security Professional，CISP）经中国信息安全测评中心实施国家认证，是国家对信息安全人员资质的认可。是我国信息安全企业、信息安全咨询服务机构、信息安全测评认证机构（包含授权测评机构）、社会各组织和团体等，在信息系统的规划、建设、运维管理和应用等部门中的岗位人员的认证资质。

CISP 根据岗位需求，可分为 4 个类别。

① "注册信息安全工程师" 英文为 Certified Information Security Engineer，简称 CISE。证书持有人员主要从事信息安全技术领域的工作，具有从事信息系

统安全集成、安全技术测试、安全加固和安全运维的基本知识和能力。

② "注册信息安全管理员"英文为 Certified Information Security Officer，简称 CISO。证书持有人员主要从事信息安全管理领域的工作，具有组织信息安全风险评估、信息安全总体规划编制、信息安全策略制度制定和监督落实的基本知识和能力。

③ "注册信息系统审计师"英文为 Certified Information System Auditor，简称 CISA。证书持有人员主要从事信息安全审计工作，在全面掌握信息安全基本知识技能的基础上，具有较强的信息安全风险评估、安全检查实践能力。

④ "注册信息安全开发人员"英文为 Certified Information Security Developer，简称 CISD。证书持有人员主要从事软件开发相关工作，在全面掌握信息安全基本知识技能的基础上，具有较强的信息系统安全开发能力，可熟练掌握应用安全。

CISP 的知识体系结构共包含如下 5 个知识类。

① 信息安全保障：介绍了信息安全保障的框架、基本原理和实践，它是注册信息安全专业人员首先需要掌握的基础知识。

② 信息安全技术：主要包括密码、访问控制等安全技术与机制，网络、操作系统、数据库和应用软件等方面的基本安全原理和实践，以及安全攻防和软件安全开发相关的技术知识和实践。

③ 信息安全管理：主要包括信息安全管理体系建设、信息安全风险管理、信息安全管理措施等相关的管理知识和实践。

④ 信息安全工程：主要包括信息安全相关工程的基本理论和实践方法。

⑤ 信息安全法规标准：主要包括信息安全相关的法律法规、政策、标准和道德规范，是注册信息安全专业人员需要掌握的通用基础知识。

3. 注册信息安全专家—渗透测试工程师/渗透测试专家

注册信息安全专家—渗透测试工程师/渗透测试专家 (Certified Information Security Professional-Penetration Test Engineer/Penetration Text Specialist，CISP-PTE/PTS) 是中国信息安全测评中心主导、奇安信集团负责运营的渗透测试技能水平注册考试。

CISP-PTE/PTS 注册考试要求网络安全人员可以查找、验证和修复网络中的漏洞，掌握更多的安全技能，提高个人的技术能力，具备渗透测试工程师的素养。在此基础上，还要求网络安全人员能够通过自身的丰富经验及高端网络安全渗透测试工具进行漏洞挖掘，发现未知的漏洞，掌握更多系统、中间件平台的安全攻防技术，并且能够进行渗透测试工作的总体规划，组织和带领团队开展专业的渗透测试工作。

证书持有人员主要从事信息安全技术领域网站渗透测试工作，具有规划测试方案、编写项目测试计划、编写测试用例、编写测试报告的基本知识和能力。

CISP-PTE/PTS 注册考试的知识体系结构共包含如下 5 个知识类。

① Web 安全：主要包括 HTTP 协议、注入漏洞、XSS 漏洞、SSRF 漏洞、CSRF 漏洞、文件处理漏洞、访问控制漏洞、会话管理漏洞、代码审计等相关的技术知识和实践。

② 中间件安全：主要包括 Apache、IIS、Tomcat、WebLogic、Websphere、JBoss 等相关的技术知识和实践。

③ 操作系统安全：主要包括 Windows 操作系统、Linux 操作系统相关的技术知识和实践。

④ 数据库安全：主要包括 MsSQL 数据库、MySQL 数据库、Oracle 数据库、Redis 数据库相关的技术知识和实践。

⑤ 渗透测试：主要包括信息收集、漏洞发现、漏洞利用相关的技术知识和实践。

CISP-PTE/PTS 注册考试为网络安全专业的学生提高自身价值和自身影响力提供更好的学习素材，为更多热爱网络安全技术，有志于从事网络安全事业的人员提供了一个更加具有优势的平台。同时，锻炼了网络安全人员解决实际网络安全问题的能力，有效增强我国网络安全防御能力，促进国家企事业单位网络安全防御能力不断提高，并以此有效发现和选拔内部的优秀网络安全人才，是网络安全应急响应工作的重要注册资质。

13.3　其他相关的资质认证

1. 信息安全保障从业人员

信息安全保障从业人员（CISAW）是中国网络安全审查技术与认证中心（ISCCC）面向 IT 从业人员，特别是与信息安全工作密切相关的高级管理人员、专业技术人员，推出的人员资格认证和专业水平认证。CISAW 认证包括：面向在校学生（大学生和研究生)开展的预备级认证、面向在职人员的基础级认证和面向各专业方向人员的专业水平认证。目前设置的专业方向包括：安全软件、安全集成、安全管理、安全运维、安全咨询、风险管理、业务连续性、灾备服务、应急服务等。

2. 注册信息系统安全师

注册信息系统安全师(CISSP)由国际信息系统安全认证联盟组织和管理，是目前全球范围内权威、专业、系统的信息安全认证考试。

国际信息系统安全认证联盟成立于1989年，是全球最大的网络、信息、软件与基础设施安全认证会员制非营利组织，为信息安全专业人士职业生涯提供教育及认证服务。

CISSP持证人员是确保组织运营环境安全，定义组织安全架构、设计、管理和控制措施的信息安全保障专业人士。

第 14 章
网络安全应急响应培训方式

目前,网络安全人才培养主要通过学历教育,网络安全竞赛,机构、企业培训等进行。由于应急响应更具有实践性和行业、企业内部的特殊性,因此,网络安全竞赛及机构、企业培训将成为重点的培养方式。以下将分别进行介绍。

14.1 网络安全竞赛

网络安全竞赛在全球范围内广泛开展,吸引了众多网络安全从业者、相关专业学生和爱好者的积极参与。主办方的范围由最初的安全企业、安全相关的组织机构拓展到政府、高等院校、普通企业,成为网络安全人才发现、培养和选拔的重要手段。

目前,网络安全竞赛的赛制相当丰富,有 CTF、AWD、Pwn 类漏洞破解赛、数据分析赛,真实环境演习赛等。具体到应急响应人才培养,参加 CTF 和 AWD 将更有助于锻炼相关技能。

1. CTF

CTF(Capture the Flag,夺旗赛)起源于 1996 年的 DEFCON 全球黑客大会,是网络安全技术人员之间进行技术竞技的一种比赛形式。发展至今,国内外各类高质量的 CTF 层出不穷,已经成为全球范围网络安全圈流行的竞赛形式。在我国所有类别的网络安全竞赛中,CTF 占据相当大的份额,成为学习、锻炼网络安全技术,展现安全能力和水平的绝佳平台。

竞赛者通过对同一个目标进行攻防渗透竞逐并"夺旗"。大致流程是:参赛团队之间通过攻防对抗、程序分析等形式,争取率先从主办方给出的比赛环境中得到一串具有一定格式的字符串或其他内容,并将其提交给主办方,从而夺得分数。题目涉及 Web 安全、逆向工程、漏洞挖掘与漏洞利用、密码学、分析取证等多种网络技术。

2. AWD

AWD(Attack with Defence,攻防赛)强调攻防对抗。相比传统的夺旗赛,AWD难度更大,对选手的综合能力要求也更高。比赛内容涉及知识面更广,除了攻击相关技术,防御技术涉及漏洞修补、流量分析、系统维护等多方面。

一般的比赛模式是为每支队伍分配虚拟网络,在虚拟网络的边界上放置虚拟的防火墙、一台防守机、一台 Flag 机。其中,防守机上有十几个服务。在攻防对战中,防守的一方要保证自己防守机上的业务能够正常打开。攻击时则要通过各种攻击手段夺取对手 Flag 机上的权限。与 CTF 相比,AWD 更加强调攻击和破解,非常贴近实战。

3. 国内重点网络安全竞赛介绍

(1) 网鼎杯

"网鼎杯"网络安全大赛于 2018 年开始举办,比赛分为线上预选赛、线下半决赛和总决赛三个阶段。线上预选赛采用 CTF 解题的比赛模式,参赛战队将按照电子政务、金融、能源、网信、基础设施(交通、水利等)、教育、公检法机构、国防工业、民生相关运营管理机构等不同行业进行分组,在各自的行业内分别较量,角逐决赛资格;线下半决赛及总决赛采用 AWD 模式展开,经线上预选赛选拔出的参赛选手将依旧按行业分组进入线下半决赛,在竞赛平台中展开真实的攻防对抗。

"网鼎杯"的宗旨是以赛代查,培养网络安全人才,增强各行各业"自防自救"的能力。

(2) 蓝帽杯

"蓝帽杯"全国大学生网络安全技能大赛于 2017 年开始举办,是国内首个针对公安院校的大学生网络安全技能大赛,聚集了中国公安院校内顶级的网络安全人才,也体现了公安院校网络安全技能的最高实力。

竞赛分为分赛与决赛两个环节。决赛参赛代表队为 4 个分赛区获得"蓝帽杯"总决赛资格的团队和获得正式邀请资格的团队。采用 AWD 模式,比赛成绩以团队形式呈现,根据得分实时排名。

(3) 护网杯

"护网杯"于 2018 年开始举办,是在工业和信息化部的指导下,由中国互联网协会、中国信息通信研究院、国家工业信息安全发展研究中心联合举办。大赛围绕电信和互联网、工业互联网、融合业务安全，设置网络安全技术、法律政策等方面的理论赛题，以及隐患挖掘、漏洞修补、协议分析、密码加解密等方面的技术赛题，并针对重点业务应用和系统平台安全，设计并搭建典型网络安全防护技术对抗场景。

竞赛分为线上预选赛和线下决赛，决赛包含基于电信和互联网、工业互联网、融合业务（包括车联网、智能家居等物联网）等真实应用场景的攻防赛。

(4) 天府杯

"天府杯"国际网络安全大赛于2018年开始举办，致力于成为全球第一的破解大赛，面向所有安全从业人员公开征集参赛选手与参赛项目。比赛设置冠军、亚军、季军、最佳个人奖（个人名义最高积分获得者）、最牛破解奖（单个挑战项目获得积分最高）、最霸技术奖（裁判根据项目利用目标破解难度、漏洞挖掘难度、漏洞利用技术创新度等因素综合评分评奖）。

大赛共设立100万美元的奖金，分别支持PC端、移动端与服务器端三大项，以及虚拟化软件、操作系统软件、浏览器软件、办公软件、移动智能终端、Web服务及应用软件、DNS服务软件、共享管理类服务软件等八大类别的参赛项。

除此之外，"天府杯"还设有破解开放赛，所有对破解有兴趣的选手都可以通过官网注册报名，项目不限。裁判组会根据报名参赛项目概要信息（包括目标、漏洞类型、攻破效果等）进行评分与投票，以确定入选比赛的项目。

(5) 全国密码技术竞赛

全国密码技术竞赛是由国家密码管理局指导，中国密码学会主办的全国大学生密码技术竞赛。竞赛宗旨是：提高密码意识，普及密码知识，实践密码技术，发现密码人才。

在大赛的决赛中，会有很多与生活密切相关的，而且非常有趣的参赛项目。其中，最受关注的密码应用领域包括：物联网、区块链、个人信息保护及云计算与大数据等。还有很多队伍专门研究如何利用漏洞来攻击现有的密码应用系统。

(6) ChinaVis数据可视分析挑战赛

2014年，中国可视化与可视分析大会（ChinaVis）由我国可视化业界工作者联合发起，宗旨是促进中国及周边地区的可视化与可视分析的交流，探讨在大数据时代可视化与可视分析发展的方向和机遇，推动相关研究与应用的发展和进步，推进学科的发展，促进人才培养和交流，目前已成功举办 5 届。

中国可视化与可视分析大会设立了"ChinaVis 数据可视分析挑战赛"，旨在帮助研究人员、开发人员、爱好者评估他们的技术和工具在解决复杂问题中的有效性及新颖性，并促进我国可视化与可视分析相关研究、应用的发展。ChinaVis 数据可视分析挑战赛自 2015 年举办以来，影响力日益增强，已成为我国可视化与可视分析领域的一项重要赛事，成功推动了可视化领域的竞技交流、人才培养和实践创新。严谨的数据任务设计，严格的评审把关及丰厚的奖项设置，可有效评价参赛者的专业能力并挖掘参赛者的创新潜质。比赛累计吸引了来自全国近百所高校及科研院所的近 2000 名学生及爱好者报名参赛。

大赛除设置一、二、三等奖及优秀奖外，还额外增设了多个单项奖，如视觉效果奖、技术创意奖等。所有的获奖队伍都有获奖证书和实习直通车机会，部分获奖队伍会获得丰厚奖金，同时可在 ChinaVis 会议现场做报告，更有机会与业内大咖零距离交流。

(7) 大数据安全大赛

随着大数据时代的到来，信息技术驱动数字化转型，企业、城市的数字化、智能化程度越来越高，其面临的网络安全风险也越来越大。个人隐私数据的泄露让越来越多的普通老百姓猝不及防；企业层面，包括轨道交通、银行、医院等领域的重要数据一旦丢失或者网络设备遭遇黑客攻击，其后果不堪设想。当下传统防护方式或已失效，我们需要用大数据技术解决大数据时代的安全问题。

在此背景下，奇安信集团举办了国内首个大数据安全大赛，以比赛竞技的方式，让高校学生、研究者在大数据时代背景下，学习、利用安全大数据和大数据建模应用平台，充分挖掘数据资源价值，建立科学驱动的应用分析模型，溯源分析安全威胁，探究用大数据技术解决安全问题的方法。同时，通过大数据安全大赛，培养选拔大数据安全分析的人才。

14.2 机构、企业培训

机构、企业培训分为外部培训和内部培训两种，内部培训主要为机构、企业对内部员工进行的安全培训，但由于现阶段多数机构、企业内部安全人才较少，因此其通常会选择与专门的安全企业合作进行培训；外部培训通常指参加第三方培训机构的培训，参与对象为网络安全相关从业人员、学生、网络安全爱好者等。由于应急响应相关工作内容的特殊性，因此现阶段多以内部培训为主。安全公司与机构、企业合作定制化的培训项目，使得应急响应人员获得更有针对性、实用性的安全技能。

1. 培训方式

由于培训讲求实用和高效，以及需要将培训的专业技能转化为工作的生产力，因此需要大量的技能实践和实地演练，以实现培训、演练、修炼、消化的培训过程。

培训：通过讲授的方式对相关知识点、原理、方法、应用工具等进行系统、深入的讲解，使学生掌握核心知识。

演练：通过对课程内容的归纳分析，组织学生进行课程培训实验等，现场辅导，将核心知识转化为应用能力。

修炼：进行工具辅导、综合考评，结合时下政企安全问题，通过案例讲解知识，加深理解，让学生掌握具体方法，并在实际工作中不断修炼。

消化：让学生在培训现场形成相应的能力，并迅速复制到工作现场，将培训的专业技能转化为工作的生产力。

2. 安全实训平台

为了增强培训的真实性及效果，可使用安全实训平台作为载体。我们不仅可以将培训课程放到平台随时随地学习，还便于实践，可达到学完即练的效果。当前较优秀的安全实训平台主要有如下特点。

(1) 性能至上的部署平台

平台部署支持单台部署、集群化部署两种部署模式，通过产品设备引擎进行统一资源管理及运算，实现性能分配及下发指令分派机制，可判断实验环境中虚拟机的使用情况及资源情况，合理释放及分配资源。同时可满足不同人数、不同网络环境的搭建部署及使用需求。

(2) 课程资源丰富及多样化

课程大类包含初级、中级、高级、CTF不同级别及方向课程，同时，基于不同类别人员、不同行业及不同实训需求，平台可选择不同资源课程体系。

平台中的初级课程内容通常包括：移动安全（Android应用开发、Android

逆向)、Web 安全(语言基础、Web 渗透、内网渗透、信息搜集、权限管理、入侵检测)等。

中级课程内容通常包括：移动安全(动态调试、静态分析、Android 软件破解、Android 反破解技术)、中级 Web 安全(PHP 代码审计、Python 安全工具开发、SQL Server 数据库)、密码学(密码学基础、密码学应用、密码破解技术、公钥基础设施 PKI)、数据安全等。

高级课程内容通常包括：操作系统安全、逆向工程(工具基础、缓冲区溢出与漏洞分析)、木马病毒分析、安全编程(安全编程基础、协议分析)等。

CTF 课程内容通常包括：基于 CTF 技能培训，有隐写术、加解密、MISC 等课程，还有 CTF 竞赛及红蓝对抗、靶场练习环境等大量课程资源。

另外，还设置了特色安全产品课程资源教学体系，如虚实结合、防火墙、VPN、IPS、WAF、漏洞扫描，构建政府办公网、企业广域网、电商平台应用场景下的安全设备使用和配置等。

(3)三权分立的角色设定

实现学员、教员、管理员三权分立角色体系，实现课程实验设计、教学、综合管理分权管控机制。

(4)教学与实践结合

教学结合实践，实现教学视频、教学手册、课程实验操作一体化实训。针对目前行业典型拓扑环境，可提供仿真环境资源库。仿真环境资源库内置丰富的攻防实验课程场景资源及丰富的课程资源，并提供漏洞靶场、定制靶场、网络攻防靶场等专业化靶场资源。

(5)学习路线自主定制

平台提供学习路线自主化定制功能，教师可针对学生特点，进行学习路线定制。

(6)低成本搭建网络仿真环境

安全教育需要和实际相结合，在实际的教学环境中，基于实训系统可快速搭建仿真环境，为学生提供符合实际业务需求的训练环境。在注重理论教学的同时，加强学生实际攻防能力的训练。

下图为一个实训平台的系统结构。

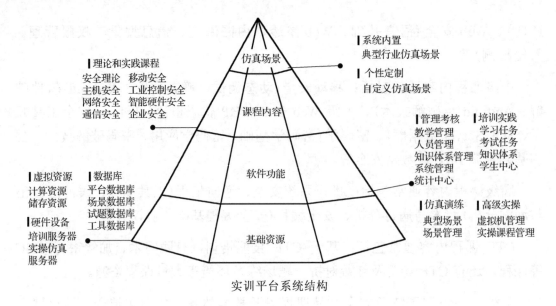

实训平台系统结构

3. 典型安全实训平台案例

(1) 网络与信息安全实训平台概述

网络与信息安全实训平台是针对教育机构、运营商、中大型企事业单位等推出的一款以网络安全人才培养为核心目标的私有云教学实训系统。该系统包含丰富的课件,能够覆盖目前主流网络安全对抗全过程,涉及 Web 渗透、主机渗透、网络渗透、数据分析、主机安全防护、信息安全防护等方面。学生可根据自身兴趣和学习任务的不同,针对性地选择并学习对应的课程。还可以快速搭建实验环境,动态分配实验资源,极大地提高了硬件平台资源的利用效率。

(2) 网络与信息安全实训平台特点

具有完备的课程体系且会持续更新。依托安全创新中心的力量,设计出覆盖主流网络安全对抗全过程的超过 1000 套的课件,包括视频课件、CTF 靶机课件和高级实验课件三种,涉及安全理论、主机安全、网站安全、通信安全、移动安全、智能硬件安全、工业控制安全、企业安全等方面。课程内容会随着技术的发展不断更新,使网络安全人才培养能够适应网络安全技术发展的需要。

可将热点安全事件分析还原。第一时间分析还原事件,将事件中涉及的攻防技术还原成课件,使学生了解到最新的热点事件,掌握最新的攻防技术。

实现可视化仿真环境自定义。平台提供系统内置虚拟机模板,根据需求可快速搭建网络仿真环境,创建与学生学习、工作相同的网络攻防环境。

(3)网络与信息安全实训平台功能

包含培训实践模块。通过文档教材、视频讲解和实际操作 3 种模式的结合，将网络攻防场景及热点安全事件在平台中再现，供学生学习和实际操作。

包含检验考核模块。自带丰富的安全知识题库，教师可根据实际需求灵活组合题目，设定考核知识点。考核方式包括答题和实验操作。

包含课程内容定制模块。提供可视化的课程定制界面和内置的课程设置环境模版，学生根据自身需求定制符合业务场景的课程和实验环境。

第5部分 Part 5　网络安全应急响应典型案例

第 15 章
政府机构/事业单位的网络安全应急响应典型案例

15.1 政府机构/事业单位网络安全应急响应案例总结

1. 网络特点

政府机构/事业单位的网络结构复杂，可分为政务外网、政务内网、互联网及办公网等，部分行业还自建了覆盖全国的专网，各个网络之间既有相互隔离的环境也有相互连接的地方。

访问控制列表（ACL）复杂，往往连管理员都很难分清楚不同区域之间的访问策略，一旦有安全事件发生，很难进行事态控制及溯源。

2. 高频安全事件

政府机构/事业单位的高频安全事件包括网站被入侵传后门、勒索软件、APT 攻击等。

3. 网络安全应急响应难点

一方面，政府机构/事业单位内部通常没有审计设备，这个审计设备是指全流量的设备。另一方面，政府机构/事业单位内部资产混乱，溯源难度大。

15.2 勒索软件攻击典型案例

1. 某政府部门"永恒之蓝"勒索蠕虫病毒安全预防

（1）场景回顾

2017 年 5 月 13 日上午 9 时，某政府部门接到安全厂商工作人员打来的安全预警电话，告知"永恒之蓝"勒索蠕虫病毒爆发。在全面了解"永恒之蓝"勒索蠕虫病毒的爆发态势后，部门领导高度重视，立刻提高病毒应对等级。同时，安全公司在该部门的驻厂人员立即对该部门进行现场勘测。

(2) 问题研判

① 发现该部门在各地都布置了防火墙设备。

② 445 端口处于关闭状态。

③ 该部门统一在全国各地布置了终端安全软件。

④ 但是仍有终端计算机存在未及时打补丁的情况。

尽管该部门尚未出现中毒计算机,但是系统仍然存在安全隐患,有重大潜在风险。

(3) 处置方案

应急指挥小组与安全公司驻厂工作人员协同明确如下应对方案。

① 优先升级总局一级控制中心病毒库、补丁库,确保补丁、病毒库是最新的。

② 开始手动升级省级二级控制中心,确保升级到最新病毒库和补丁库。

③ 对于不能级联升级的采用远程升级或者通知相关管理员手动更新。

④ 进一步对系统内各终端开展打补丁、升级病毒库、封闭端口工作。

最终,在病毒爆发 72 小时之内,该部门未出现一起感染事件。

2. 某司法单位遭遇 GlobeImposter 勒索病毒

(1) 场景回顾

2018 年 8 月 22 日,接到某司法单位的安全技术处反馈,该单位有多台物理服务器、虚拟化服务器感染了 GlobeImposter 勒索病毒,病毒感染后的主要特征包括:Windows 服务器文件被加密,加密后缀为 ".RESERVE"。除了该行政单位,其他地区单位也感染了该 GlobeImposter 勒索病毒。该行政单位安全技术处随即在单位系统的微信群对下级单位进行了紧急预警。

为降低病毒感染后的损失,防止病毒进一步扩散,追查攻击源头,奇安信集团的安服团队于 8 月 22 日下午进入现场,提供应急响应服务。

(2) 问题研判

2018 年 8 月 21 日起,多地发生 GlobeImposter 勒索病毒事件,综合分析出如下通用的攻击手法。

① 攻击者突破机构和企业的边界防御后,利用黑客工具进行内网渗透。

② 选择高价值目标服务器人工投放勒索病毒，此攻击团伙主要攻击开启远程桌面服务的服务器，利用密码抓取工具获取管理员密码后对内网服务器发起扫描并人工投放勒索病毒，导致文件被加密。

③ 通过分析该单位相关日志及服务器应用程序，发现攻击者通过3389弱口令登录服务器，导致该单位遭遇GlobeImposter勒索病毒攻击，攻击者可在服务器上执行任意的系统命令使服务器被勒索病毒攻击。

(3) 处置方案

① 安全服务人员第一时间全网断开445、3389端口。

② 迅速将"中招"计算机与全网机器进行隔离，形成初步处置措施。

③ 针对实际情况，制定应急处置措施，提供企业级免疫工具，并开始布防。

④ 在全国范围内发送内部应急处理方案和避免终端感染病毒的方法的通知。

3. 某海关遭遇 GandCrab 勒索病毒

(1) 病毒简介

2018年下半年以来，GandCrab 5.0 勒索事件大规模爆发，且更新频繁。GandCrab 仍以弱口令暴力破解、伪装成正常软件诱导用户运行及漏洞传播这三种方式进行攻击，且用户文件被加密后，文件后缀被修改为5~9个随机字母，勒索用户交付数字货币赎金。目前，GandCrab 作者已经公布了5.0.3以前版本的密钥，但随后又更新了5.0.4及5.0.5两个新的版本。

(2) 场景回顾

2018年8月3日，某省海关内网服务器被勒索病毒感染，相关文件被加密。通过对相关进程、文件、服务进行排查分析后，发现该单位内网服务器主机存在被攻陷的迹象。基本确定攻击者通过登录对外开放的远程桌面服务，向该服务器植入恶意勒索病毒。相关内网服务器用户存在弱口令及口令复用情况，在取得内网访问权限后，攻击者通过相同口令登录多台服务器并植入勒索病毒，最终导致本次事件的发生。

(3) 问题研判

① 发现33台受感染服务器，应急响应小组排查15台服务器，另外18台服务器因系统已重装无法提取相关日志。

② 经过日志分析，发现某区域 192.168.×.× 服务器存在多个病毒程序，且正在运行，该台服务器和事发单位有正常数据传输业务，通过连接事发单位 VPN 建立网络连接。

③ 黑客以 192.168.×.× 服务器为跳板暴力破解了事发单位 192.168.×.× 集群服务器，进而暴力破解了内网服务器，然后远程登录并关闭天擎防护软件后，投放和运行了 GandCrab 勒索病毒，从而对服务器的文件进行了加密操作。

(4) 处置方案

① 加强海关各业务服务器安全加固措施，防止黑客通过网络中其他终端入侵或者直接入侵，并定期巡检海关业务系统服务器。

② 定期对海关各业务系统进行脆弱性检查，提前发现安全隐患。

③ 加强业务系统重要数据的定期备份，以防数据无法恢复。

④ 增加海关终端安全检测和响应措施，及时在海关内网环境中发现入侵的已知和未知威胁，并针对入侵进行有效溯源。

⑤ 加强天擎终端安全管控系统的使用规范，设置较强的关闭密码和卸载密码，防止天擎软件被人工关闭或卸载，从而导致病毒入侵。

⑥ 建议部署全流量监测设备，及时发现恶意网络流量。同时可进一步加强追踪溯源能力，在安全事件发生时提供可靠的追溯依据。

4. 某政府部门遭遇 GandCrab 勒索病毒

(1) 场景回顾

2018 年 10 月 17 日 21 时，某省级单位内网中发现 6 台服务器遭受变种勒索病毒入侵，导致众多文件被加密。

安全工程师到达现场经过排查发现，省政务云内网中有 11 台服务器已被病毒感染。根据受害主机中文件（包括数据库文件、文档、图片）均被加密并修改后缀为随机后缀及恢复数据的勒索提示，可判断其感染了 GandCrab 5.0.3。

(2) 问题研判

① 共发现某省级单位及下属单位 15 台内网服务器主机遭受 GandCrab 5.0.3 变种勒索病毒攻击。

② 病毒感染形式已基本控制，但目前仍不排除内网中存在被感染的主机，仍需对全网进行进一步排查，确保内网安全稳定运行。

(3) 处置方案

① 周期性对全网进行安全评估工作，及时发现网络主机存在的安全缺陷，修复高风险漏洞，避免类似事件发生。

② 对整个网络系统进行总体安全规划，如分别在边界、终端部署基础防护设备，增加实时感知威胁攻击和持续响应的能力。

③ 根据数据敏感和更新频率进行离线备份，基本保持一周一次全盘备份，一天一次增量备份。

④ 对来源不明的文件，包括邮件附件、上传文件等先进行杀毒处理。

⑤ 对于 RDP 或者 SSH 等远程访问服务做访问来源控制并且设置复杂密码。

⑥ 通过 ACL 把 CC 的 IP、高可疑 IP 进行封锁。

5. 某关键基础设施的公共服务器被加密

(1) 病毒简介

该病毒为国内黑客制造，并第一次以乐队名称 MCR 命名，因此，称该病毒为 MCR 勒索病毒。该病毒在 2017 年 7 月首次出现，采用 Python 语言编写。

该病毒加密文件后，文件扩展名会变为".MyChemicalRomance4EVER"。而扩展名中的"MyChemicalRomance"，其实是源自一支美国新泽西州的同名朋克乐队。该乐队成立于 2002 年，2013 年宣告解散。朋克这种充满了叛逆与不羁的音乐风格向来深受年轻人的喜爱。

该勒索病毒的特点是：在加密的文件类型列表中，除了包含大量的文档类型文件，还包含比特币钱包文件和一些较重要的数据库文件。而另一个更大的特点是：该病毒不同于以往的勒索病毒使用不对称加密算法，而是采用了 AES 对称加密算法，并且用于加/解密的密钥是硬编码在脚本中的。因为使用对称加密算法，并且密钥可以从脚本中获得，所以在不支付赎金的情况下，被加密的文件资料也比较容易解密恢复。

(2) 场景回顾

2017 年 8 月 5 日，某公共服务系统单位的工作人员在对服务器进行操作时，发现服务器上的 Oracle 数据库后缀名都变为了".MyChemicalRomance4EVER"，所有文件都无法打开，如下图所示。该工作人员怀疑自己的服务器被勒索软件进行了加密，因此向安全监测与响应中心进行求助。

应急响应——网络安全的预防、发现、处置和恢复

某公共服务系统单位的服务器被加密的示意图

(3) 问题研判

安全人员现场勘测发现，该公共服务系统感染的是 MCR 勒索病毒。该病毒伪装成比较有吸引力的软件对外发布，诱导受害者下载并执行。例如，现场截获并拿来分析的这个样本，就是一款自称 VortexVPN 的 VPN 软件。除此之外，还有类似于 PornDownload、ChaosSet、BitSearch 等的软件。

这款病毒用 Python 语言编写木马脚本，然后再打包成一个.exe 的可执行程序。首先，木马会判断自身进程名是否为 systern.exe。如果不是，则将自身复制为 C:\Users\Public\systern.exe 并执行。之后，木马释放 s.bat 批处理脚本，关闭各种数据库、Web 服务及进程。接下来，就是遍历系统中所有文件并加密且留下勒索信息了。当然，为了避开敏感的系统文件，代码有意避开了 C:\Documents and Settings 和 C:\Windows 两个目录。最终木马会调用系统的 wevtutil 命令，对系统日志中的"系统"、"安全"和"应用程序"三部分日志内容进行清理，并删除自身，以求不留痕迹。

(4) 处置方案

① 安全服务人员发现该勒索软件程序有漏洞，可直接利用解密工具恢复数据。因此，在未向黑客支付一分钱的前提下，成功帮助该单位恢复了所有被加密的文件。

② 安装杀毒软件并开启监控。

③ 建议工作人员不要下载不明来源的程序，更不要相信所谓的外挂、××工具、××下载器一类程序宣称的杀软误报论。

15.3 网站遭遇攻击典型案例

1. 网站内容遭遇篡改

(1) 场景回顾

2017年5月,某监管机构防火墙收到告警,拦截到一条含有敏感信息的SQL注入信息指令,疑似对系统内容进行篡改。某安全服务团队收到求助,应急响应小组进行排查。到达现场后发现,该机构网站为某地政府机构网站,可对外提供某特定职位的注册信息查询服务。

(2) 问题研判

① 该监管机构被植入了脚本木马,拥有执行系统命令、文件操作、数据库操作等功能,木马可以把信息篡改到网站上,但攻击者发送的语句被防火墙拦截。

② 经调查,该语句实际是发送给一个已经长期寄存在该网站上的木马。如果该语句未被拦截,木马收到该指令后会将编辑好的虚假的从业人员信息写入网站服务器,可在外部查到该新增的虚假信息。随后,判定此次事件为某黑产办理假证的团伙所为,其提供为社会人员制办假证的服务。

③ 进一步排查发现,相关木马程序已经被植入长达4个月之久。同时,该网站可能还存在弱口令、SQL注入漏洞,以及Struts2远程命令执行漏洞等问题。攻击者疑似利用上述相关漏洞,向网站植入了恶意木马。

④ 后台用户账号、密码可能已经泄露。因此,推测WebShell此前已被成功上传,且网站历史上曾遭遇多个黑客、多次入侵,并长期控制。

(3) 处置方案

① 立刻修改弱口令。

② 加强攻击监控,延长日志轮询保存时间,同时日志备份不应该备份在本地服务器,建议把备份日志上传到远程服务器。

③ 对应用系统进行渗透性测试及源代码安全审计,挖掘目前存在的应用程序漏洞,加强访问控制权限管理。

④ 涉及的服务器进行重装并修改密码,涉及的后台用户密码全部修改。

⑤ 严格限制后台发布系统的访问策略等。

2. 网站遭遇 CC 攻击

(1) 场景回顾

2018 年 3 月，某安全服务团队接到某部委的网站安全应急响应请求，其网站存在动态页面访问异常缓慢现象，但静态页面访问正常，同时 WAF、DDoS 设备出现告警信息。

(2) 问题研判

① 应急响应人员通过现场技术人员提供的 WAF 告警日志、DDoS 设备日志、Web 访问日志等数据进行分析，发现外部对网站的某个动态页面全天访问量多达 12 万次，从而导致动态页面访问缓慢。

② 根据对本次攻击事件的分析，可知造成网站动态页面访问缓慢的原因主要是攻击者频繁请求"××页面"的功能，同时该页面查询过程中并未要求输入验证码信息，大量频繁的 HTTP 请求及数据库查询请求导致 CC 攻击，从而服务器处理压力过大，最终导致页面访问缓慢。

(3) 处置方案

① 对动态页面添加有效且复杂的验证码功能，确保验证码输入正确后才进入查询流程，且每次进入时验证码都要刷新。

② 检查动态页面是否存在 SQL 注入漏洞。

③ 加强日常监测运营，开启安全设备上的拦截功能，特别是要对同一 IP 的频繁请求进行拦截封锁。

④ 建议部署全流量的监测设备，从而弥补访问日志上无法记录 POST 具体数据内容的不足，有效加强溯源能力。

⑤ 相关负载设备或反向代理应重新进行配置，使 Web 访问日志可记录原始请求 IP，有助于提高溯源分析效率。

⑥ 开启源站保护功能，确保只允许 CDN 节点访问源站。

⑦ 定期开展渗透测试工作及源代码安全审计工作。

3. 网站被植入赌博类暗链信息

(1) 场景回顾

某行业机构官网长期被植入赌博类暗链信息。安全专家对该网站及内部网络系统进行了为期一周的现场排查。经排查发现，该单位使用的系统是某行业通用系统，由于缺乏相应的研发力量，其网络系统长期得不到有效的安全维护，并且长期存在多处安全漏洞。而更令人惊讶的是，该网络环境中竟然同时有三股"黑恶势力"在争抢地盘。

(2) 问题研判

① 这三股"黑恶势力"明显都对于该行业的网络系统非常熟悉，其中一伙攻击者早在 2014 年就已经入侵了该单位的网络系统。

② 而最让人不可思议的是，在最近的 1 年中，为了维护各自的利益，就在该单位的网络系统中，这三股"黑恶势力"之间发生了持续不断的摩擦冲突和相互攻击。其都会在该单位网站上植入自家暗链的同时，删除另外两伙攻击者植入的暗链，同时设法把另外两伙攻击者从系统中剔除出去。

③ 安全专家在对系统进行安全调查时，竟然被一伙攻击者当成竞争对手强行踢下了线。此事也足见这些网络黑恶势力的嚣张气焰。

④ 后续调查发现，这三股黑恶势力均来自网络黑产，而且其中至少有一伙攻击者还同时控制着该行业其他几家龙头企业的网站，并且在这些网站上都投放了赌博暗链，以获取不法利益。

(3) 处置方案

① 修复所有已检出的安全漏洞。

② 修改管理员账号和密码。

③ 清除已经被植入的黑词暗链。

4. 网站遭遇"爬虫"行为，导致网络瘫痪

(1) 场景回顾

2017 年 11 月，某事业单位门户网站在两日里，针对某个查询页面的总请求访问量超过 900 万次，最终服务器资源因压力过大，致使业务异常，整个网站页面无法正常访问。技术人员怀疑网站遭到 CC 攻击。安全服务团队接到应急请求，应急响应小组第一时间赶赴现场，进行排查。

CC 攻击是一种针对特定应用程序的持续、高频次恶意访问，目的是消耗 Web 服务器资源，破坏业务应用的正常运行。广义上，CC 攻击属于 DDoS 流量攻击的一种，和 DDoS 的手段相比，CC 攻击更具针对性，手段更精细，攻击效率也更高。

(2) 问题研判

① 通过初步分析，在服务器上并未发现异常进程及恶意木马程序，排除 CC 攻击。

② 通过该单位部署的网站安全监测设备，以及结合客户端访问行为数据，技术人员认为前述 900 万次，属于"合法"的页面请求。但进一步分析发现，这些"合法"的页面访问来自若干个特定的 IP 地址，并在短时期内发出大量的访问请求，而且这些访问请求主要查询网站内容中特定的公告消息和特定的字段数据。因此，可以判断网站遭到了恶意的网络爬虫行为。网络爬虫，又称网络蜘蛛，是指一种自动抓取网页内容信息的网络程序，也是互联网搜索引擎广泛采用的技术之一。

③ 技术人员还发现，之所以机器爬虫访问行为没有被阻止，是因为该网站的查询验证机制存在漏洞，使得攻击者只要通过一次人机验证，就可以持续发起查询请求，却不被阻止。而且该网站在每次接收查询请求时，也没有对发起者 IP 地址进行限制，从而让机器爬虫程序有机可乘。

(3) 处置方案

① 关停相关查询功能业务，使网站访问恢复正常，建议网站运维人员在相关代码更改完毕后，再完全恢复查询业务。

② 针对目前网络爬虫的遍历爬取数据行为没有根除办法，但可以通过加强人机验证措施进行抑制。例如，在查询页面的代码里增加人机验证代码，并且在每次验证之后刷新验证码，以及限制单个 IP 访问次数、频率，抬高网络爬虫程序的攻击门槛。

5. 后门程序给网站动态加载黑词暗链

(1) 场景回顾

某政府网站发生了一起较为恶劣的暗链事件，但该网站管理单位的安全服务提供商历时两周也未能定位插入暗链的页面。此后又经历了数次复查，仍然未能成功抑制暗链事件的持续发生。最终，该网站的管理单位向应急响应团队寻求了帮助。

(2) 问题研判

① 在对服务器进行全面排查之后，在 plugins 目录下定位到一个可疑的加密文件。

② 市面上常见的 WebShell 扫描工具均无法识别出该文件。经过解密发现，该恶意文件是专门针对此行业应用进行设计的，可以实现在应用中动态加载。

③ 该恶意文件被加载后，能够识别搜索引擎的访问源并将链接跳转至攻击者指定的某恶意网站。由于该文件可以逃过多数安全工具的查杀，并且在运行过程中不修改应用本身的文件，所以才给排查清除工作带来了一定的难度。

(3) 处置方案

① 在得到该单位及当地公安机关的授权的情况下，安全专家使用技术手段对攻击者进行了技术反制，成功反制了一台攻击者使用的服务器。

② 在该服务器上发现大量黑客工具和其定制的各种后门样本，其中仅一项关于 Struts2 漏洞的批量扫描结果就有 15 万条之多。

③ 在进一步的事件溯源调查过程中，安全专家与当地公安机关合作，最终全面掌握了该攻击者的 QQ、邮箱、常用 ID、照片、手机号码、简历、身份证号等信息，并协助该受害单位进行处理。

15.4 服务器遭遇攻击典型案例

1. 内部服务器存在后门

(1) 场景回顾

2017 年 4 月，某政府机构接到安全通报，发现两个境外恶意 IP 访问了该机构的内部网络，以及其两台服务器存在 WebShell 后门。应急响应团队收到求助后进行排查。WebShell 用于控制网站，登录访问 WebShell 需要经过密码验证。

(2) 问题研判

① 通过分析原始流量记录，发现被通告的两个恶意 IP 确实同黑客组织有关。这两个 IP 早在 4 天前便通过弱口令直接登录了 WebLogic 管理后台，并在至少两台服务器上放置了 WebShell 后门，获得了该网站的管理员权限，以管理员身份登录网站，方便进行恶意操作。

② 安全人员分析该团伙疑似已经窃取了网站内部大量机密信息。但攻击者并未进行内网渗透等高危操作。

③ 进一步调查显示，攻击者之所以能在服务器放置 WebShell 后门是由于其 WebLogic 管理员账号使用了弱密码。WebLogic 是用于开发、集成、部署和管理

大型分布式 Web 应用、网络应用和数据库应用的应用管理平台，具有单独的管理后台界面，管理员输入密码后可登录管理后台，控制网站运行。

④ 攻击者利用上传的 WebShell 后门操作服务器注册表，试图开启服务器的远程桌面服务。通过对攻击者 IP 进行分析，发现本次攻击涉及的 IP 基本上是通过批量扫描弱口令及常见的 Web 漏洞来进行批量攻击的，并非是针对性攻击。

(3) 处置方案

鉴于攻击者曾获得过管理员权限，且很可能对服务器做出了篡改，以及可能存在尚未发现的安全隐患，因此，安全服务人员提出以下建议。

① 及时将 WebLogic 更新到最新版。

② 更改 WebLogic 管理端口令，要求密码强度为 8 位以上，包含数字、字母、特殊字符。

③ 为所有服务器设置新的 WebLogic 口令，且不能为弱口令。

2. 服务器被植入挖矿木马

(1) 场景回顾

2017 年 3 月，某社会管理服务机构的网站管理员发现其网站服务器存在恶意脚本，清除该恶意脚本后不久，平台又会重新被感染，同时，系统还存在其他异常情况。应急响应团队在收到该机构的求助后，第一时间到达该平台中心机房进行排查。

挖矿木马是 2017 年非常流行的一种针对网络服务器进行攻击的木马程序，此类木马程序通过自动化的批量攻击感染存在漏洞的网络服务器，并控制服务器的系统资源，用于计算和挖掘特定的虚拟货币。由于挖矿木马长期占用 CPU 率达 100%，因此，服务器感染挖矿木马后最明显的现象就是服务器响应非常缓慢，出现各种运行异常。如果挖矿木马攻击整个云服务平台，则平台上所有网站和服务系统都会受到严重影响。

(2) 问题研判

① 该平台服务器感染的木马程序是 2017 年非常流行的挖矿木马。而之所以删除木马程序后又会被反复感染，主要原因是攻击者在服务器系统中写入了一个定期执行的计划任务，每隔一段时间，就会自动检测服务器上是否运行了挖矿木马，如果没有，则自动联网，再次下载一个挖矿木马程序，并释放到系统

中。所以，要彻底清除木马，首先必须删除该计划任务。

② 进一步调查显示，该服务器之所以能被攻击者写入恶意计划任务，主要是因为该服务器存在明显的安全配置漏洞。该平台使用了 Redis 数据库，并且采用默认的配置模式，即并未开启密码验证功能，且监听的端口绑定了 0.0.0.0 地址，表示可接受任意的 IP 访问，且权限为 root 启动。因此攻击者利用这一 Redis 配置漏洞，匿名登录了 Redis 数据库，并写入 SSH 公钥，进而获得了系统的 root 权限，并在系统中增加了这样一条恶意计划任务。

(3) 处置方案

① 对 Redis 添加密码验证功能，更改绑定地址，对运行用户进行降权，建议不采用 root 权限进行启动。

② 删除攻击者写入的计划任务及木马程序。

③ 加强攻击检测及拦截功能。

④ 采用全流量监控设备，从而有效发现木马攻击及对攻击行为进行溯源。

3. 挖矿木马删除管理员用户

(1) 场景回顾

某事业单位运维人员于 2017 年 9 月发现公网邮件服务器 root 用户被删除，导致管理员无法正常登录邮件服务器，同时相关配置存在异常。该运维人员在发现异常之后，对服务器进行修复，添加正常 root 用户，并更新其他系统用户密码，随后向应急响应团队发出求助。

(2) 问题研判

① 对开放的邮件服务进行分析，未发现可疑进程和连接，但发现一个名为 nagios 的普通低权限用户的命令，且历史中存在可疑操作。此用户是为了性能监控需求而存在的。针对这个用户，安全服务人员进行了调查。

② 该用户从位于越南的远程服务器下载了可疑文件并解压运行。根据文件和执行命令初步判断为 Miner 挖矿木马程序。攻击者利用 nagios 的弱口令，通过 SSH 登录该用户，由于用户 nagios 存在多个 IP 登录记录，对这些 IP 地址监控，其中一个 IP 通过一个非正常业务系统账号 firefart 进行登录。通过进一步分析，找到攻击者利用"脏牛"漏洞（一个 Linux 系统中，从 2007 年就被发布的漏洞）运行提权工具，添加了 firefart 账号并覆盖了正常的 root 用户记录，使原 root

用户无法正常登录。然后利用管理员权限，下载了挖矿木马程序并建立了定时计划任务，定期运行挖矿木马程序。

③ 对用户 nagios 的命令进行分析，攻击者已在该事业单位内网潜伏长达 10 个月，从攻击者进入服务器的渠道来看，都是使用 SSH 服务从公网直接连接登录。在攻陷主机后，建立新用户，提升用户权限，后续使用高权限账号进行登录。并在进入服务器后，下载相关挖矿木马程序，如下图所示，运行于后台，使用计划任务定期激活程序。

页面下载相关挖矿木马程序的示意图

该事件充分暴露出普通用户，即便是系统的低权限用户，也可能对系统造成重大威胁。攻击过程图解如下。

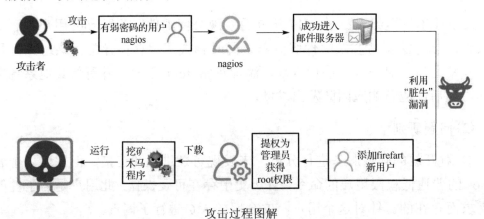

攻击过程图解

(3) 处置方案

① 立刻修复"脏牛"漏洞，修改相关操作系统用户密码，同时密码应严格使用复杂口令，并能定期进行修改。

② 禁止公网直接访问 SSH 服务，开启 SSH 证书登录，避免直接使用密码进行登录，同时禁止 root 用户直接远程登录。

③ 对于需要 root 权限的操作，定期对系统日志进行备份，避免攻击者恶意删除相关日志文件。

④ 同时加强日常安全巡查，防患于未然。后续需要结合业务情况，移除上述可疑非业务程序。禁止远程对服务管理系统的访问。

4. 某省气象局服务器被挖矿

(1) 场景回顾

2018 年 9 月 10 日中午，安全专家接到某省气象局的应急响应请求。该省气象局服务器被挖矿，桌面生成了挖矿程序和暴力破解程序。安全专家在接到通知后，立即对该省气象局服务器进行现场分析排查。

(2) 问题研判

① 服务器被暴力破解，安装大量恶意软件、暴力破解程序和挖矿程序，服务器登录密码被篡改，现已自行恢复处理。

② 排查发现该终端曾受到内网暴力破解，受影响服务器使用弱口令登录。

(3) 处置方案

① 排查过程中使用轻代理和勒索病毒扫描工具，未发现勒索病毒。

② 使用虚拟化平台、天擎软件扫描可以发现恶意程序，然后继续对其他终端、服务器进行全盘扫描。

③ 整改服务器弱口令，提高网络安全管理策略，加强安全加固工作。

15.5　遭遇 APT 攻击典型案例

某地法院遭遇 APT 攻击事件

(1) 场景回顾

2018 年 12 月，应急响应团队接到某地法院遭遇 APT 攻击事件的应急响应请求，该法院服务器存在失陷迹象，要求对服务器进行排查，同时对攻击影响进行分析。应急响应人员到达现场后，对内网服务器文件、服务器账号、网络链接、日志等多方面进行分析，发现内网主机和大量服务器遭到 APT 组织 Lazarus 的恶意攻击，并被植入恶意 Brambul 蠕虫病毒和 Joanap 后门程序。

(2) 问题研判

① 经过分析排查，本次事件中的 APT 组织通过植入恶意 Brambul 蠕虫病毒

和 Joanap 后门程序，进行长期潜伏，盗取重要信息数据。

② 黑客通过服务器 SSH 弱口令暴力破解，以及利用服务器"永恒之蓝"漏洞对服务器进行攻击，获取服务器权限，并通过主机设备漏洞对大量主机进行攻击，进而植入蠕虫病毒及后门程序，进行长期的数据盗取。

（3）处置方案

① 内网主机存在入侵痕迹，并存在可疑横向传播迹象，建议对内网主机进行全面排查，部署终端查杀工具，并进行全面查杀。

② 内网服务器存在未安装补丁现象，建议定期安装补丁，做好服务器加固工作。

③ 整个专网可任意访问，未做隔离的建议做好边界控制，对各区域法院间的访问做好访问控制。

④ 服务器运行业务不清晰，存在一台服务器包含其他未知业务的现象，建议梳理系统业务，独立系统运行独立业务，并做好责任划分。

⑤ 失陷服务器存在异常克隆账号风险，建议全面排查，清理不必要的系统账号。

⑥ 需严格排查内、外网资产，做好资产梳理，尤其是在外网出口做好严格限制。

⑦ 应用服务器需做好日志存留，对于操作系统日志，应定期进行备份，并进行双机热备，防止日志被攻击者恶意清除，增大溯源难度。

⑧ 系统、应用相关的用户杜绝使用弱口令，同时，应该使用高复杂强度的密码，尽量包含大小写字母、数字、特殊符号等。加强管理员安全意识，禁止密码重用的情况出现。

⑨ 禁止服务器主动发起外部连接请求，对于需要向外部服务器推送共享数据的情况，应使用白名单的方式，在出口防火墙加入相关策略，对主动连接的 IP 范围进行限制。

⑩ 重点建议在服务器上部署安全加固软件，通过限制异常登录行为、开启防暴力破解功能、禁用或限用危险端口、防范漏洞利用等方式，提高系统安全基线，防范黑客入侵。

⑪ 部署全流量监测设备，及时发现恶意网络流量，同时可进一步加强追踪溯源能力，在安全事件发生时提供可靠的追溯依据。

第 16 章
工业系统的网络安全应急响应典型案例

16.1 勒索软件攻击典型案例

2017 年 5 月,WannaCry("永恒之蓝"勒索蠕虫病毒)在全球范围内大规模爆发。2018 年蠕虫变种在工业环境中的感染、传播也呈现爆发趋势。当前,在机构、企业的内网中仍然存在大量未安装 WannaCry 补丁的主机,工业环境中的主机处于"裸奔"的现象更是普遍。病毒在利用漏洞传播的过程中,不同的操作系统存在不稳定现象,主要会引起主机蓝屏、重启等,挖矿病毒更是利用目标进行挖矿活动,大量消耗主机资源,对安全生产构成巨大威胁。

1. 某大型能源机构遭遇 WannaCry 大规模攻击

(1) 场景回顾

2017 年 5 月 13 日凌晨 1 时 23 分,安全监测与响应中心接到某大型能源企业的求助,称其内部生产设备发现大规模病毒感染迹象,部分生产系统已被迫停产。应急响应团队在接到求助信息后,立即赶往该单位总部了解实际感染情况。

(2) 问题研判

① WannaCry 已在该机构全国范围内的生产系统中大面积传播和感染,但仍处于病毒传播初期。

② 其办公网环境、各地业务终端(专网环境)都未能幸免,系统面临崩溃,业务无法开展,事态非常严重。

③ 该机构大规模感染 WannaCry 的原因与该机构业务系统架设计构存在一定的关联,系统虽然处于隔离网,但是存在隔离不彻底的问题,且存在某些设备、系统的协同机制通过 445 端口来完成的情况。

(3) 处置方案

① 全网断开 445 端口，迅速对"中招"计算机与全网机器进行隔离，形成初步处置措施。

② 针对该机构实际情况，提供企业级免疫工具并开始布防。

③ 该机构在全国范围内针对该病毒发送紧急通知，发布内部应急处理，以及避免感染病毒的终端扩大的公告。

5 月 16 日，病毒蔓延得到有效控制，染毒终端数量未继续增长，基本完成控制及防御工作。整个过程中，该机构和安全厂商全力协作配合，监控现场染毒情况、病毒查杀情况，最终使病毒得到有效控制。

2. 某知名汽车零部件生产企业遭遇 WannaCry 攻击

(1) 场景回顾

2018 年 7 月 17 日，某知名汽车零部件生产企业的工业生产网络遭遇 WannaCry 的攻击，酸轧生产线一台 Windows Server 08 R2 主机出现蓝屏、重启现象。当日晚上，4 台服务器出现重启。现场工程师通过查阅资料，对病毒进行了手动处理。9 月 10 日，各条生产线开始出现大量蓝屏和重启现象，除重卷、连退生产线外，其他酸轧、包装、镀锌生产线全部出现病毒感染、蓝屏、重启现象。此时，病毒已对正常生产造成严重影响。9 月 12 日，该企业求助工业互联网安全应急响应中心，对事件进行全面处置。

(2) 问题研判

经过对各生产线的实地查看和网络分析可知，当前网络中存在的主要问题有：

① 网络中的交换机未进行基本安全配置，未划分虚拟局域网（VLAN），各条生产线互通互联，无明显边界和基本隔离。

② 生产线为了远程维护方便，分别开通了 3 个运营商 ADSL 拨号，控制网络中的主机在无安全措施下访问外网。

③ 控制网中提供网线接入，工程师可随意使用自己的便携机接入网络。

④ U 盘随意插拔，无制度及管控措施。

⑤ 员工安全意识不高。

⑥ IT、OT 的职责权限划分不清晰。

(3) 处置方案

攻击目标是经过精心选择的，该目标承载了企业的核心业务系统，企业一旦"中招"须缴纳赎金或者自行解密，否则业务将面临瘫痪。镀锌生产线处于停产状态，需以"处置不对工业生产造成影响或造成最小影响"为原则，进行处理。

① 检查镀锌生产线服务器，然后进行病毒提取。

② 停止病毒服务。

③ 手动删除病毒。

④ 对于在线终端，第一时间推送病毒库更新和漏洞补丁库，并及时采取封端口、打补丁等措施，避免再次感染。

3. 某市视频监控系统服务器遭勒索软件锁定

(1) 场景回顾

2017年5月13日凌晨3时，安全监测与响应中心接到某单位电话求助，称其在全市范围内的视频监控系统突然中断了服务，大量监控设备断开，系统基本瘫痪。安全服务人员第一时间进行了远程协助，初步判断可能是监控系统的服务器遭到攻击，感染了勒索病毒，进而感染了终端计算机。建议立即逐台关闭 Server 服务，并运行免疫工具，同时提取病毒样本进行分析。

(2) 问题研判

① 安全服务人员现场实地勘察后发现，确实是该视频监控系统的服务器"中招"了，罪魁祸首正是 WannaCry，并且由于服务器"中招"已经使部分办公终端"中招"。

② 溯源分析显示，勒索病毒先是在一台视频网络服务器上发作，然后迅速扩散，导致该市视频专网终端及部分服务器（大约 20 多台）设备被病毒感染，数据均被加密，大量监控摄像头断开连接，对当地的生产生活产生重要影响。

(3) 处置方案

① 首先在交换机上配置 445 端口阻塞策略。

② 分发勒索病毒免疫工具，在未被感染的终端和服务器上运行，防止病毒扩散。

③ 对于在线终端，第一时间推送病毒库更新和漏洞补丁库。

④ 由于部分被加密的服务器在被感染之前对重要数据已经做了备份，因此对这些服务器进行系统还原，并及时采取封端口、打补丁等措施，避免再次感染。

至 5 月 16 日，该单位的视频监控系统已经完全恢复正常运行，除 5 月 13 日凌晨被感染的终端及服务器外，没有出现新的被感染主机。

4. 某新能源汽车厂商的工业控制系统因被 WannaCry 攻击而停产

(1) 场景回顾

2017 年 6 月 9 日，某新能源汽车厂商的工业控制系统开始出现异常。当日晚上 19 时，该企业生产流水线的一个核心部分：动力电池生产系统瘫痪。该生产系统日产值超百万，停产后损失严重。该企业紧急向安全监测与响应中心进行了求助。

实际上，这是 WannaCry 的二次突袭，而该企业的整个生产系统已经幸运地躲过了 5 月的第一次攻击，然而却没有躲过第二次。监测显示，这种第二次攻击才被感染的情况大量存在，并不是偶然的。

(2) 问题研判

① 该企业工业控制系统已经被 WannaCry 感染，运行异常，重复出现重启或蓝屏现象，而其办公终端系统基本无影响，这是因为在其办公终端系统上安装了比较完善的企业级终端安全软件。

② 在该企业的工业控制系统上，尚未部署任何安全措施。感染原因主要是由于其系统与企业办公网络连通，间接存在公开暴露在互联网上的接口。

③ 后经综合检测分析显示，该企业生产系统中感染 WannaCry 的工业主机数量竟然占到了整个生产系统工业终端数量的 20%。

事实上，该企业此前早已制定了工业控制系统的安全升级计划，但由于其生产线上的设备环境复杂，硬件设备新老不齐，部署安全措施将面临巨大的兼容性考验，所以整个工业控制系统的安全升级计划迟迟没有落实。

(3) 处置方案

① 因该企业的生产系统没有部署企业级终端安全软件，于是只能逐一对其计算机进行排查。一天之后也仅仅是把动力电池的生产系统恢复了。

② 到 7 月月底，该企业生产网中的带毒终端才被全部清理干净。经过此次事件，该企业对工业控制系统的安全保障更加重视，目前已经部署了工业控制安全防护措施。经过测试和验证，兼容性问题也最终得到了很好的解决。

5. 某卷烟厂遭受 WannaCry 变种病毒攻击

（1）场景回顾

2018 年 11 月 12 日，某大型卷烟厂卷包车间主机出现不同程度蓝屏、重启现象，运维人员通过安装免费版本杀毒软件及关闭 445 端口暂时解决了问题，但是在 11 月 19 日，卷包车间工业生产网络中较多数量工业主机再次出现蓝屏、重启现象。该卷烟厂相关负责人紧急联系了工业安全应急响应中心，对该卷烟厂工业主机蓝屏问题进行全面处置。

（2）问题研判

① 经过情况了解、现场处置，工业安全应急响应人员可以确认该工业生产网络感染了 WannaCry 变种病毒。

② 由于网络未做好隔离与最小访问控制，关键补丁未安装（由于系统原因部分无法安装），蠕虫病毒通过网络大肆快速传播与感染，导致蓝屏、重启事件的发生。

③ 工业生产网络中存在大量双/三网卡主机，车间有多个接入交换机、汇聚交换机，核心交换进行串行级联，无基本逻辑隔离。加之多网卡主机的存在，导致网络边界模糊，生产网与办公网连通。办公室主机遭感染之后，通过网络迅速传入生产网。网络中暂无全网流量监控、工业级防火墙和主机安全防护。

由分析可知，WannaCry 变种通过某种网络途径，利用操作系统漏洞的方式传入，先感染车间办公室主机，进一步通过网络感染内网中的工业主机。

（3）处置方案

经过基本处理，对卷包车间的 10 台工业主机进行了处置。

① 手动进行病毒检测样本抓取，创建阻止 445 端口数据传播的策略，使得病毒传播、蓝屏、重启现象得到基本控制。

② 对于其他主机，确认是否存在 WannaCry。

③ 安装微软补丁。

④ 建立完善的工业安全防护制度和统一方案，确保生产安全、连续、稳定。

6. 某半导体制造企业遭遇勒索软件攻击

（1）场景回顾

2018年12月5日，国内某半导体制造企业遭遇勒索病毒攻击，其核心生产网络和办公业务网络被加密，导致生产停工，被加密的主机被要求支付0.1个比特币的赎金。

（2）问题研判

① 应急响应安全专家通过对现场终端进行初步排查，发现终端主机被植入勒索病毒，导致无法进入操作系统。

② 修复MBR后，使用数据恢复软件恢复部分文件。在部分机器上对日志进行分析，发现其存在域控管理员登入记录。经过排查，初步判断此次攻击事件因黑客入侵企业的备用域控，获得其账号密码，并在bat脚本中批量使用cmdkey命令来保存远程主机凭据到当前会话，随后调用psexec远程执行命令，向域中机器下发攻击文件进行勒索。

③ 在现场共提取了update3.exe、update.exe和update2.exe三个样本，其功能分别为：将勒索病毒写入主机MBR、使用类似TEA的对称加密算法加密文件、使用libsodium-file-crypter开源项目的开源代码加密文件。

④ 目前已有多家工业控制企业遭遇该勒索病毒，且攻击者通过人工渗透的方式释放病毒，不排除攻击者会对其他已经控制的内网系统下手。

（3）处置方案

① 使用PE系统登入服务器，使用磁盘工具搜索磁盘，并使用安全工具恢复MBR，解决系统无法启动的问题。

② 对于已"中招"的服务器进行下线隔离处理。

③ 对于未"中招"的服务器，在网络边界防火墙上关闭3389端口或3389端口，只对特定IP开放。

④ 开启Windows防火墙，尽量关闭3389、445、139、135等不用的高危端口。

⑤ 每台服务器设置唯一口令，且要求采用大小写字母、数字或特殊符号混合的组合结构，口令位数足够长（15位），至少采用两种组合。

⑥ 安装终端安全防护软件。

16.2 工业系统信息泄露典型案例

1. 某市监控系统泄露敏感信息

(1) 场景回顾

某市监控系统邀请工业控制系统安全国家地方联合工程实验室(以下简称"工控安全联合实验室")对分布于全市的监控设备及其服务系统进行安全检测。检测结果显示,该市很多区域的监控视频均可通过互联网进行查看,其中包括很多敏感区域的监控视频。这些监控视频一旦被犯罪分子掌握和利用,后果不堪设想。部分案例截图如下所示。

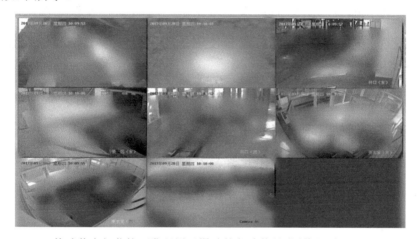

某矿井内部监控可发现用于爆破的危险物品(图像经过处理)

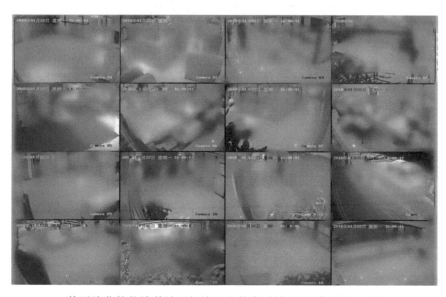

某医院监控能清楚地了解该医院的实时情况(图像经过处理)

某办公区域监控系统(图像经过处理)

(2) 问题研判

造成该市多个区域监控视频外泄风险的主要原因有以下两点。

① 监控视频的管理服务器直接暴露在了互联网上,可被远程访问。

② 监控视频服务器的管理员账号使用了弱密码,该密码为视频监控系统服务商设置的初始密码。

(3) 处置方案

① 修改服务器的管理员账号和密码,不要使用弱密码。

② 做好服务器设备隔离,阻止来自互联网的访问。

2. 某热力公司内部服务器可无密码登录

(1) 场景回顾

某热力公司邀请工控安全联合实验室对其系统进行安全检测。检测结果显示,该热力公司的内部服务器可以通过互联网直接访问,并无须账号、密码认证即可以管理员身份登录,如下图所示。可造成大量服务器数据泄露。此外,检测还发现,该热力公司控制系统中的大量 PLC 也暴露在了互联网上,可以直接被攻击者攻击,并造成设备停产。

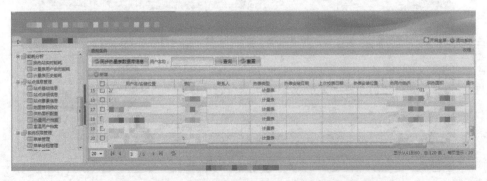

通过公网无须认证即可登录某热力公司内部数据系统

(2) 问题研判

① 该机构内部服务器的业务代码存在设计缺欠,导致其登录认证过程可以被绕过。

② 该服务器对于互联网没有完全隐藏隔离,因此导致攻击者可以直接从互联网访问,并以管理员权限登录。

③ 进一步调查显示,攻击者远程登录后,还可以访问系统数据库。

④ 该热力公司的 PLC 也暴露在互联网上,攻击者可以直接查看,并实施攻击。PLC 是连接办公系统和工业控制系统的控制设备,攻击者通过暴露在互联网上的 PLC 信息,直接对 PLC 设备发起远程攻击,可删除或篡改数据,甚至直接破坏系统,造成设备停产。

(3) 处置方案

① 立即排查所有登录权限,删除非法登录者。

② 修正服务器系统设计缺欠,修改并添加账号密码,避免绕过认证。

③ 尽快排查,在该机构自己可控的服务范围内,删除意外暴露的敏感数据。

④ 加强安全监控,做好数据备份,以防有攻击者恶意破坏服务器数据。

⑤ 全面排查内部网络中,暴露在互联网上的设备和网络节点,全面做好网络隔离。

3. 某市自来水厂内部信息存在泄露风险

(1) 场景回顾

某市自来水厂邀请工控安全联合实验室对其内部生产系统进行安全检测,并提供了某日一段时间内,该厂内部网络中的部分流量数据进行安全分析。检测分析结果显示,该系统存在大量内网 IP 地址暴露问题,可以直接通过互联网自由访问,这可能导致内网管理的机密数据和部分供水设备运行的敏感信息泄露。

(2) 问题研判

内网 IP 与节点的暴露问题,主要是由于内部网络隔离不彻底导致的。调查显示,该自来水厂内部网络并不存在联网需求,即并没有需要通过互联网来管控的设备节点和业务系统,因此,其内部网络与互联网之间理应进行完全隔离。

而造成其内部网络节点暴露在互联网上的主要原因是由于其工作人员缺乏安全意识,对系统进行了不当配置。

此外,该自来水厂对内部网络的监控和管理缺乏有效的技术手段,仅靠自查自纠很难完全杜绝此类问题再次发生。

(3)处置方案

① 立即进行网络系统排查,全面测试与互联网相连的节点,并将不必要的连接节点全部与互联网断开,必要的连接节点应进行技术保护。

② 建立健全内部网络访问控制、安全监控和数据审计系统。

③ 加强对IT运维人员的技术培训和安全意识培训。

16.3 其他工业系统遭遇攻击典型案例

1. 某知名汽车合资厂商工业控制软件带毒运行

(1)场景回顾

2017年11月,某知名汽车合资厂商邀请工控安全联合实验室对其生产系统进行安全检测。结果发现其生产系统中的监控主机上存在大量木马病毒,包括大量感染型病毒,某些木马病毒样本的历史甚至超过10年。同时,该系统的工业控制部分也存在大量已知安全漏洞。虽然上述问题暂未对该企业的生产活动产生实质性影响,但安全隐患已经非常明显。

注意:所谓感染型病毒,是将自身加入到其他的程序(如exe文件)或动态库文件(DLL 的一种)中,从而实现随被感染程序同步运行的功能,进而对感染计算机进行破坏。感染型病毒近年来在一般民用系统中已经非常少见,但在21世纪初期还很流行。

(2)问题研判

经检测发现,导致该汽车厂商生产系统感染大量木马病毒,存在大量安全漏洞的主要原因有两个方面:一是企业生产系统部分设备过于陈旧,疏于维护;二是企业缺乏有效的安全运维和管理。

① 企业生产系统部分设备过于陈旧,疏于维护

在该企业使用的自动化生产系统中,有大量设备已经超过原厂提供的质保期

或自动化集成商的维护保养期,如西门子 S7-300 PLC 等。某些设备的使用时间超过 10 年,系统长期处于无人进行升级维护的状态。上位机监控系统中存在大量病毒并且带毒工作多年。

② 企业缺乏有效的安全运维和管理

该企业安全运维手段不足和管理不严主要表现为:USB 管理疏失和网络管控不严。首先,尽管该企业明令禁止员工在工业控制系统的 USB 接口上进行手机充电或插拔其他无关设备,但并没有采取任何技术手段对 USB 端口的使用进行限制;其次,尽管该企业的生产系统并不需要互联网协同工作,但其部分设备的端口却暴露在了互联网上,可以从互联网自由访问。这就使得该生产系统处于互联网攻击的巨大威胁之下。

(3) 处置方案

首先需要说明的是,该汽车厂商生产系统中的木马病毒,特别是感染型病毒,已经很难完全清除干净。这是因为,一般来说,如果操作系统中的驱动程序感染了感染型病毒,修复方法通常只能用原生系统的相同文件来替换被感染的文件。但是,工业主机上的操作系统都不是完全原生的操作系统,其中大量的驱动程序都是经过工业控制设备制造商根据生产需求修改过的。鉴于相关设备早已超出保修年限,不仅得不到设备供应商的维护保养,而且也已经很难获得所需驱动程序样本。这时如果直接用原生操作系统驱动替换被感染文件,可能立即会造成相关设备失灵,进而无法再生产。

因此,工控安全联合实验室建议该汽车厂商进行如下处置。

① 排查内部网络,封禁生产系统暴露在互联网上的端口,网络内部做好访问控制。

② 请专业技术人员协助清除目前工业主机中可以清除的病毒。

③ 使用终端安全管控软件等,封禁生产系统中所有主机设备的 USB 端口,在不影响生产的情况下,也可以直接物理封禁所有 USB 端口。

2. 某大型企业工业控制系统端口异常暴露

(1) 场景回顾

2016 年年初,某大型企业对其内部办公系统及外部网站进行漏洞扫描检测。结果检测出的网络资产数量远远超过该企业已知的网络资产数量,大量联网 IP 不知是何种网络设备。但很显然,这些设备既不是计算机终端,也不是服务器设备。

（2）问题研判

最终调查发现，这些不明 IP 实际上都是该企业的工业控制系统暴露在互联网上的端口。此次漏洞扫描险些造成该企业工业控制系统的瘫痪。同时，这些暴露在互联网上的端口，在未采取有效安全管理措施的情况下，随时都有可能遭到攻击。

此次事件反映出部分企业对工业控制系统的网络安全缺乏有效的管理，甚至将工业设备与一般的办公系统、网站系统混杂在一起进行管理，安全隐患十分严重。

（3）处置方案

① 将不必要的连接节点全部与互联网断开，必要的连接节点应进行必要的技术保护。

② 建立健全内部网络的访问控制、安全监控和数据审计系统。

③ 加强对 IT 运维人员的技术培训和安全意识培训。

3. 某数控生产系统至少存在三种无密码登录方式

（1）场景回顾

某大型企业投入巨资开发了一套十分先进的数控生产系统。该系统不仅可以对联网的所有生产设备进行全面、实时监控，同时还能遥控操纵大量生产设备，实现危险区域的无人值守生产。

2015 年，经过历时近两年的设计研发，该数控生产系统终于在该企业全国上百个生产系统中部署，并全国联网。但是，在该系统正式运行使用前，有专家提出，建议企业对该系统的网络安全性进行全面评估。

（2）问题研判

该企业邀请安全专家对这套数控生产系统进行网络安全性测试。测试人员发现，该系统至少存在三种无密码登录方式，操作者可以绕过现有的账号管理系统。一旦出现攻击者且登录成功，其就可以全面查看系统中的数据，甚至操控系统中的任何一台设备。

（3）处置方案

鉴于该系统存在巨大的泄密风险及安全生产隐患，该大型企业被迫暂时终止了该数控生产系统的全面使用，并进行改造和修复。

4. 某大型炼钢厂遭遇挖矿蠕虫病毒攻击

(1) 场景回顾

2018 年 10 月 31 日，工业安全应急响应中心接到该炼钢厂电话求助，称其工业生产网络自 10 月起各流程工艺主机遭遇蠕虫病毒的攻击，出现不同程度蓝屏、重启现象。早期在其他分厂曾出现过类似现象，10 月 18 日该炼钢分工厂出现主机蓝屏、重启现象，10 月 30 日晚间蓝屏、重启主机数量增多，达到十几台。相关负责人员意识到病毒在 L1 生产网络有爆发的趋势，因此在该厂紧急配置了趋势杀毒服务器，并在各现场工业控制主机终端安装网络版本趋势杀毒软件进行杀毒，部分机器配合打补丁进行应急处置。

(2) 问题研判

① 通过工业安全应急响应人员近两天的情况了解、现场处置，可以确认 L1 网络中感染了利用"永恒之蓝"漏洞传播的挖矿蠕虫病毒，OA/MES 网络主机既感染了挖矿蠕虫病毒，又感染了 WannaCry 变种。

② 由于网络未做好隔离与最小访问控制，关键补丁未安装(或安装未重启生效)，蠕虫病毒通过网络大肆快速传播与感染，导致蓝屏、重启事件。

③ 内网主机感染时间有先后，网络规模庞大，因业务需要，外网主机可远程通过 VPN 访问生产网中主机，进而访问现场 PLC。

④ 网络中存在多个双网卡主机，横跨 L1、L2 网络，进而造成整个 L1、L2、L3 网络实质上互联互通。同时，传播感染有一定的时间跨度，被感染的主机也可以攻击网络中的其他目标，无全网全流量监控。

由分析可知，挖矿蠕虫病毒、WannaCry 变种通过某种网络途径，利用系统漏洞传入，由于内部网络无基本安全防护措施且互联互通，进而导致了病毒迅速蔓延扩散。

(3) 处置方案

① 对该炼钢厂 L1 生产网络中的多个流程工艺，包括转炉、异型坯、地面料仓、精炼、倒灌站等操作站主机进行处置，使病毒传播、蓝屏和重启等现象得到基本控制。

② 对于其他主机确认是否存在挖矿蠕虫病毒或 WannaCry 变种。

③ 对主机进行挖矿蠕虫病毒相关补丁的升级。

④ 建立完善的工业安全防护制度和统一方案，确保生产安全、连续、稳定。

第 17 章

大中型企业的网络安全应急响应典型案例

17.1 部分行业网络安全应急响应案例总结

1. 运营商

运营商行业的网络结构复杂，可分为 IP 承载网、传送网、固定通信网、接入网、同步网、信令网、支撑网等，从用途上又可分为生产网、网管网、办公网等，部分安全域划分不明确，各个网络之间既有相互隔离的环境，也有相互连接的地方。总体网络结构复杂，有的系统平台部署在简单的网络结构上，有的系统部署在私有云平台上。

运营商行业的高频安全事件主要为：链路劫持、中间件泄露、敏感数据泄露、DDoS 攻击等。

运营商行业的网络安全应急响应难点主要为：网络结构复杂、资产数量多、系统多、开发厂家多、部分资产归属不清、部分平台没有审计设备、没有安全设备、溯源困难等。

2. 医疗

医疗行业的网络可分为医疗办公网、医疗业务网两类大网。医疗办公网内部又可分为 Web 综合平台、OA、办公终端、办公网络互通，很多 Web 服务器使用外连网络。医疗业务网络复杂，内部连接和外连网络共存。ACL（访问控制列表）策略相对简单，办公网和医疗业务网可以直连，并都有外连网络。

医疗行业的高频安全事件主要为：勒索软件、蠕虫病毒、终端大面积蓝屏（MS17010）等。

医疗行业的应急响应难点主要为：大部分单位没有审计设备、基础安全水平较低、内部资产混乱、溯源难度大等。

3. 金融

金融行业的网络可分为办公网、生产网和互联网。一般来说，办公网和生产网之间是逻辑隔离的，但是互联网与其他两个网络可能是物理隔离的，也可能是逻辑隔离的。金融行业的办公网和生产网之间 ACL 访问控制严格，并且有严格的配置变更管理(CMDB)。安全数据采集比较全面，并且建设了完善的 SIEM(安全信息和事件管理)平台。

金融行业高频安全事件主要为：勒索软件、挖矿、SQL 注入、APT 攻击等。

金融行业应急响应难点主要为：内部资产相对清晰，但是因为内部做了大量的 NAT(网络地址转换)策略和服务器的负载均衡，导致溯源也存在一定的难度。

4. 航空

航空行业的网络特点主要为历史包袱重、网络结构复杂、重建轻管、边界不清晰。网络区域大致可分为 DMZ 区、内部服务器区。其内部(OA、运维等)访问控制不够严格，存在内部互通。易出现总体拓扑结构不清、资产管理混乱、问题难以定位到设备和责任人的问题。

航空行业的高频安全事件主要为：网站入侵、数据泄露、服务器挖矿、退票诈骗等。

航空行业的应急响应难点主要为：缺乏审计类系统、资产不清、通用密码排查范围大等。

17.2 勒索软件攻击典型案例

1. 某大型企业 WannaCry 安全预防

(1) 场景回顾

2017 年 5 月 13 日，某大型企业信息化部门工作人员看到了媒体报道的 WannaCry 事件。虽然该大型企业内部尚未发现感染案例，但考虑到自身没有全面部署企业级安全管理软件，所以对自身安全非常担忧。5 月 14 日上午 8 时，该企业紧急向安全监测与响应中心求助。

(2) 问题研判

安全服务人员经过现场实际勘测后发现，该大型企业实际上已经部署了防火墙、上网行为管理等网关设备，但是内部没有使用企业级安全软件，使用的是个人版安全软件,所以难以在很短的时间内查清内部感染情况。

(3)处置方案

① 在 NGFW 设备上开启控制策略,对重点端口 445、135、137、138、139 进行阻断。

② 将威胁特征库、应用协议库立即同步至最新状态。

③ 在上网行为管理设备中更新应用协议库状态,部署相应控制策略,对 WannaCry 进行全网阻塞。

在病毒爆发 72 小时之内,该大型企业未出现一起感染事件。

2. 某云平台遭遇 Crysis 勒索病毒

(1)病毒简介

2016 年 2 月,在国外发现的一款能够通过 Java 小程序传播的跨平台(Windows、macOS)恶意软件 Crysis 开始加入勒索功能,并于同年 8 月发现其用于攻击澳大利亚和新西兰的企业。Crysis 勒索病毒甚至能够感染 VMware 虚拟机,还能够全面收集受害者的系统用户名、密码、键盘记录、系统信息、屏幕截屏、聊天信息,以及控制其麦克风和摄像头。现在又加入了勒索功能,其威胁性大有取代 TeslaCrypt 和对手 Locky 勒索病毒的趋势。

Crysis 勒索病毒的可怕之处在于,其使用暴力攻击手段,任何一个技能娴熟的黑客都可以使用多种特权升级技术来获取系统的管理权限,寻找到更多的服务器和加密数据来索取赎金。主要攻击目标包括:Windows 服务器(通过远程暴力破解 RDP 账户密码入侵)、MAC、PC 等。该勒索病毒最大的特点是:除了加密文档,还可加密可执行文件,只保留系统启动运行关键文件,破坏性极大。

(2)场景回顾

2017 年 10 月 15 日,某云平台服务商发现托管在自己机房的用户服务器上的数据均被加密,其中包含大量合同文件、财务报表等都无法打开。技术人员怀疑自己的服务器被勒索软件进行了加密,因此向安全监测与响应中心进行求助。

(3)问题研判

① 该机构的公共服务器被暴露在公网环境中,并且使用的是弱密码。

② 黑客通过暴力破解,获取到该服务器的密码,并使用远程登录的方式,成功登录到该服务器。黑客在登录服务器后,手动释放了 Crysis 勒索病毒。

(4) 处置方案

① 因其服务器上存储着大量重要信息，对该机构发展至关重要，所以该机构选择支付赎金，成功恢复所有被加密的文档。下图为该机构支付赎金的解密过程示意图。

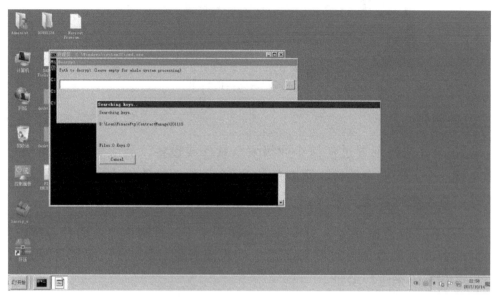

该机构支付赎金的解密过程示意图

② 修改服务器密码，采用数字、字母、特殊符号组成的复杂密码结构进行配置，并规定 3 个月进行一次更换。

③ 不必要的服务器应减少在互联网外网暴露的可能性。

3. 某知名咨询公司遭遇 Crysis 勒索病毒

(1) 场景回顾

2017 年 11 月，某知名咨询公司发现其服务器上所有文件被加密，怀疑自己感染了勒索病毒，紧急向应急响应团队进行求助。

根据该公司 IT 人员介绍，被锁定的服务器一共有两台，一台是主服务器，存储了大量该咨询公司为国内外多家大型企业提供咨询服务的历史资料，十分重要；另一台是备份服务器，主要出于安全考虑，用于备份主服务器资料。两台设备同时被锁，意味着备份数据已不存在。同时，目前只要将 U 盘插入服务器，U 盘数据也会被立即加密。在发现服务器中毒后，IT 人员对当日与服务器连接过的所有办公终端进行了排查，未发现任何计算机有中毒迹象。该公司遭遇勒索的截图如下图所示。

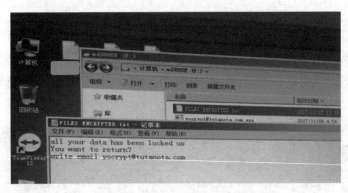

该公司遭遇勒索的截图

(2) 问题研判

① 该公司未曾部署过任何企业级安全软件或设备,其服务器上安装的是某品牌免费的个人版安全软件,所有的 200 余台办公计算机安装的也是个人版安全软件,且未进行过统一要求。

② "中招"服务器升级了当年 5 月的漏洞补丁,后续几个月的补丁都没有升级。同时,其内部办公终端与服务器之间也没有进一步部署安全防护措施,仅靠用户名和密码来进行验证。

③ 经确认,该公司两台服务器感染的勒索病毒为 Crysis 的变种,文件被加密后的后缀名为.java,如下图所示,目前这个勒索病毒无解。该勒索病毒针对的都是服务器,攻击的方式都是通过远程桌面进入,暴力爆解方式植入。而之所以会发生 U 盘插入后数据全部被加密的情况,是因为服务器上的勒索软件一直没有停止运行。

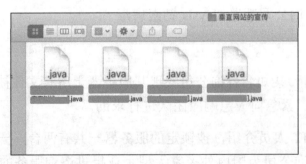

文件被加密

(3) 处置方案

① 首先,断开服务器的网络连接;随后,卸载服务器上已经安装的安全软件,这一步的处置措施还是十分必要的,因为一旦安全软件发挥作用查杀掉了

勒索软件，那么对于已经感染勒索病毒的计算机来说，有可能导致勒索病毒软件被破坏，被加密的数据无法恢复。

② 因为被加密的两台服务器上均存储着该公司极其重要的资料，且无其他备份，所以该公司在得知无法解密的情况下，选择向攻击者支付赎金，进而恢复文件。

4. 某房地产企业遭遇 GlobeImposter 勒索病毒

（1）病毒简介

GlobeImposter 勒索病毒最早出现在 2016 年 12 月左右，第一个版本存在漏洞，可解密，但后期版本只能支付赎金才能解密。2017 年 5 月出现新变种，7 月、8 月进入活跃期。该勒索病毒从勒索文档的内容看与 Globe 家族有一定的相似性。

（2）场景回顾

2017 年 7 月 12 日，某房地产企业发现自己服务器上的数据库被加密，该企业的 IT 技术人员担心受到责罚，隐瞒实际情况未上报。10 月 18 日，该企业领导在查询数据时，发现服务器上的数据均已经被加密，且已长达数月之久，意识到自己内部员工无法解决此问题，于是向应急响应团队进行求助。遭遇勒索的截图如下图所示。

遭遇勒索的截图

(3) 问题研判

① 攻击者主要使用带有恶意附件的邮件进行钓鱼攻击。受害者在单击了附件中的 VBS 脚本文件，即 GlobeImposter 勒索病毒后，VBS 脚本文件负责从网络上下载勒索软件，通过 rundll32.exe 并带指定启动参数进行加载。样本执行后在内存中解密执行，解密后才是真正的功能代码。

② 该勒索软件会对系统中的文件进行扫描，对磁盘上指定类型的文件进行加密，被样本加密后的文件后缀为.thor。样本加密文件所使用的密钥是随机生成的，加密算法为 AES-CBC-256，用样本内置的 RSA 公钥，通过 RSA-1024 算法对随机生成的 AES 加密密钥进行加密处理。

(4) 处置方案

由于距离加密时间太久，黑客密钥已经过期，被加密的数据和文件无法恢复，因此给该企业造成了大量的财产损失。

17.3 网站遭遇攻击典型案例

1. 某新闻门户网站被攻击，下载恶意木马

(1) 场景回顾

2018 年 1 月，某新闻门户网站收到监管部门通报，称其遭遇 WebLogic 最新反序列漏洞攻击。

(2) 问题研判

此次事件是 2017 年年末自 CVE-2017-10271 漏洞发布后，应急响应团队在国内接到的首起基于该漏洞的 WebLogic 反序列漏洞攻击事件。2017 年年末，国外已有黑产团体利用 WebLogic 反序列漏洞对全球服务器发起大规模攻击的事件。该漏洞的利用方法较为简单，攻击者只需要发送精心构造的 HTTP 请求，就可以拿到目标服务器的权限，潜在危害巨大。可能出现攻击事件数量激增，大量新主机被攻陷的情况。

① 安全服务人员对 6 台服务器进行了排查，发现该网站遭遇 WebLogic 反序列漏洞攻击，下载了挖矿木马程序。目前暂未对服务器造成影响。

② 由于服务器并未及时更新 WebLogic 补丁，导致网站遭遇远程代码执行漏洞攻击，攻击者通过该漏洞执行远程下载命令，主要下载挖矿木马到本地运

行，但由于远程病毒文件已经不存在，导致无法正常下载，因此并未造成实际的影响。

③ 后续应急响应人员通过访问黑客服务器地址，成功下载了该恶意木马，通过在线杀毒平台对该恶意木马进行查杀，并初步确定其为虚拟货币挖矿木马。

(3) 处置方案

安全服务人员到达后排查服务器，找出并关闭异常进程，更新 WebLogic 补丁并禁止外部连接后，重新部署恢复应用系统业务。溯源攻击路线并制定了缓解措施及后续防护方案。

① 相关的用户杜绝使用弱口令。

② 禁止服务器主动发起外部连接请求，对主动连接 IP 范围进行限制。

③ 加强安全溯源能力。对相关使用口令进行登录的服务，加入防暴力破解策略。

④ 定期进行全面扫描，加强入侵防御能力等。

2. 某证券公司 DDoS 事件应急响应

(1) 场景回顾

2018 年 6 月，应急响应团队接到某省网络安全的应急响应请求，其本地证券公司在 2018 年 6 月 10 日上午 7~8 时遭受 1GB 流量的 DDoS 攻击，造成证券公司网站无法正常访问。同时，多个邮箱收到勒索邮件，并宣称如不尽快交钱将把攻击流量增加到 1TB。

(2) 问题研判

① 应急响应人员通过大数据平台对网站域名进行分析，发现了排名前十的 IP 地址对攻击地址进行了 DDoS 攻击，并发现其攻击类型为 NTP 反射放大攻击。

② 通过后端大数据综合分析，准确定位到了攻击者的真实 IP 地址。

(3) 处置方案

① 针对重要业务系统、重要网站等，建立完善的监测预警机制，及时发现攻击行为，并启动应急预案，及时对攻击行为进行防护。

② 建议部署云端安全防护产品。云端安全防护产品可对常见的 DDoS、Web 行为攻击等进行有效防护。

3. 某集团网站挂马事件应急响应

(1) 场景回顾

2018 年 5 月，应急响应团队接到某集团网站挂马事件的应急响应请求，其门户网站被挂马，非域名或 IP 访问直接跳转不法网站。

(2) 问题研判

① 应急人员到达现场后，对网站系统、服务器文件、账号、网络链接、日志等进行分析，发现网站网页被植入恶意 JS 脚本代码，同时网站系统存在 DOTNETCMS 1.0 版本漏洞。

② 经过分析排查，本次事件中黑客主要通过网站扫描，发现网站系统存在 SQL 注入、登录绕过、任意文件上传等漏洞。黑客利用漏洞获取系统权限，并在网页中加入恶意 JS 脚本。为了不被内部管理维护人员发现，以达到更长时间的黑帽 SEO 流量，黑客只使用百度等搜索引擎跳转，其他则不跳转。

(3) 处置方案

① 在平时的运维过程中应当及时备份重要文件，且文件备份应与主机隔离，规避通过共享磁盘等方式进行备份。

② 尽量避免打开来源不明的链接，给信任网站添加书签并通过书签访问。

③ 对非可信来源的邮件保持警惕，避免打开不明附件或单击邮件中的链接。

④ 定期用专业反病毒软件扫描系统，及时对服务器的补丁进行更新。

⑤ 定期开展系统、应用及网络层面的安全评估、渗透测试与代码审计工作，主动发现目前系统、应用存在的安全隐患。

⑥ 加强日常安全巡检制度，定期对系统配置、网络设备配置、安全日志及安全策略落实情况进行检查，常态化网络安全工作。

17.4 服务器遭遇攻击典型案例

1. 某大型机构门户网站的服务器被恶意篡改

(1) 场景回顾

2016 年 10 月，某大型机构技术人员发现，该机构门户网站的发布服务器上的页面内容存在被恶意篡改行为，即有恶意程序试图在该服务器上非法创建文件。应急响应团队收到求助后进行排查。

(2) 问题研判

① 安全服务人员追踪到了试图篡改网站首页内容的木马，但该机构的门户网站发布服务器不与互联网连接，攻击者借助内网的一台服务器，将木马复制到网站发布服务器。但这台内网服务器也不与互联网连接，而仅仅是一个中间跳板，真正让黑客进入内网的主机是一台安装了 MAS(Media Asset System) 的服务器。MAS 为某商业公司推出的应用软件，是一个方便用户管理多媒体素材资源的服务系统。例如，用户可以通过它上传、编辑和分发图片、音视频等文件，管理网站页面内容素材。

② 攻击者首先在外网环境下通过弱口令以管理员账号身份登入 MAS 主机，以添加皮肤的名义，上传了 zip 类型的木马文件包，其中包含若干恶意的脚本木马，不断对内网资源进行访问，熟悉攻击路线。

③ 之后借助 MAS 主机的内网权限，并使用特定文件传输服务，成功将木马复制到同一 IP 段内的某台内网服务器上。然后再次利用上述文件传输服务将木马上传到真正的目标——网站发布服务器。最终木马在试图创建非法文件及篡改文件时，引发告警。

攻击者的攻击路径示意图如下图所示。

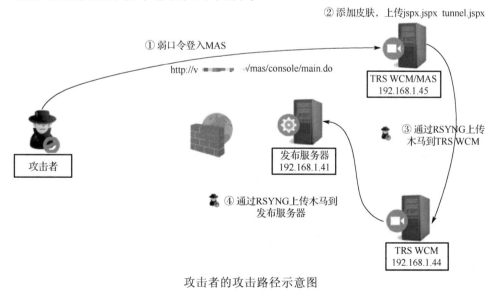

攻击者的攻击路径示意图

(3) 处置方案

① MAS 主机不应暴露在外网环境，禁止外部 IP 登录访问。

② 修改 MAS 管理员账号、密码，杜绝弱口令。

③ 加强控制内部服务器相互访问的策略，采用白名单机制，只允许特定 IP 访问特定的服务器端口。

④ 后续建议加强网站系统的安全监控，并定期举行网络安全意识培训，这样才能做好网络安全防范工作，建立更加完善的网络安全防护体系结构。

2. 某日报网站的服务器被恶意篡改

（1）场景回顾

2018 年 9 月 5 日 9 时 30 分，接到某日报社的应急响应请求，发现其内网存储被植入博彩黑页文件。

（2）问题研判

① 对网站存储挂载服务器相关系统日志、文件等进行取证分析，发现其 NAS 存储被植入博彩黑页文件。

② 对网站存储挂载服务器相关进程、服务、文件等进行排查分析，并未发现服务器上存在异常现象，暂时无法对攻击来源进行追溯，但不排除攻击者清除其活动日志的可能性。

（3）处置方案

① 建议部署全流量监测设备，及时发现恶意网络流量，同时可进一步加强追踪溯源能力，在安全事件发生时可提供可靠的追溯依据。

② 系统用户密码及时进行更改，并使用 LastPass 等密码管理器对相关密码进行加密存储，避免使用本地明文文本的方式进行存储。

③ 系统相关用户杜绝使用弱口令，同时，应该使用高复杂强度的密码，尽量包含大小写字母、数字、特殊符号等。加强运维人员安全意识，禁止密码重用的情况出现，并定期对密码进行更改。

3. 某大型云平台被植入挖矿程序

（1）场景回顾

2017 年 11 月，某大型云平台运维人员发现其云平台约 200 台租户虚拟机的 CPU 占用异常，同时租户的主机也受到了影响。平台运维人员分析发现服务器被植入挖矿程序，删除后仍会自动下载运行。

(2) 问题研判

① 安全服务专家现场排查发现，该云平台租户的虚拟机 CPU 占用异常，确实是由于被植入了挖矿程序。该挖矿程序删除后仍会自动下载运行是由于攻击者在植入挖矿程序的同时，在计划任务中写入了一段定时启动挖矿程序的脚本，规定每隔 5 分钟该程序就会自动运行，扫描虚拟机是否在执行挖矿程序，若未执行则下载新的挖矿任务并启动。

② 云平台向安全专家提供了 5 台"中招"测试机的登录权限，测试机进行查杀分析，发现普遍存在默认口令，且为弱口令，租户与租户之间的虚拟机也没有阻断策略。这使得攻击者可以通过弱口令暴力破解和应用配置漏洞，自动化扫描。

③ 通过对历史数据的复查发现，攻击者最早是在 2017 年 1 月就入侵了云平台，挖矿程序很可能在该云平台存在长达十个月之久。

④ 分析挖矿木马样本发现，由于挖矿木马具有可大量扫描并传播的特性，攻击者为了获取更多利益，会肆意对虚拟机 CPU 进行占用，即使被发现或删除，也可以在一段时间后重新执行新的挖矿指令，再次进行自动扫描和传播。

(3) 处置方案

① 删除与挖矿程序相关的所有脚本程序。

② 针对漏洞，建议平台运维人员立即修改操作系统用户密码，同时密码应严格使用复杂口令，避免密码的重用情况，避免规律性，定期进行修改。

③ 使用强访问控制策略，开启 SSH 证书登录。定期对系统日志进行备份，避免攻击者恶意删除相关日志文件，阻断溯源能力。

④ 加强日常安全巡查，防患于未然。

4. 某央企的内网服务器被挖矿

(1) 场景回顾

2018 年 8 月 27 日 20 时，接到某央企应急响应请求，该央企发现内网服务器存在挖矿程序，大量机器受感染。

(2) 问题研判

① 在本次应急响应中，通过对该央企多台服务器相关系统日志、文件等进行取证分析，发现其存在被攻击的迹象。

② 攻击者在获取该央企内网访问权限后，向内网植入自动传播感染的 PowerShell 挖矿脚本，并通过 Mimikatz 获取内存中的系统用户明文密码，同时结合 MS17-010 漏洞，在内网进行横向扩散。

③ 该央企内网服务器均开启了筛选平台连接审计日志，在挖矿脚本运行后，产生大量的内网扫描连接记录，系统日志默认以覆盖方式回滚，同时在缺少外部流量设备支持的情况下，暂时无法对最初的攻击来源进行追溯。

(3) 处置方案

① 删除与挖矿程序相关的所有脚本程序。

② 与系统、应用相关的用户杜绝使用弱口令，应使用高复杂强度的密码，尽量包含大小写字母、数字、特殊符号等，加强管理员安全意识教育，禁止密码重用的情况出现。

③ 加强日常安全巡检制度，定期对系统配置、网络设备配置、安全日志及安全策略落实情况进行检查，常态化网络安全工作。

5. 某知名软件公司的服务器遭遇恶意部署

(1) 场景回顾

2017 年 4 月，某知名软件公司运维人员发现，其内部网络发生非法外连现象，不明 IP 地址的访问者可能已成功进入企业内部网络。应急响应技术人员对其网站服务器及内网进行了检测排查。

(2) 问题研判

① 该公司内部之前存在一台被入侵 PC，攻击者通过它的内网 IP，利用弱口令漏洞，间接获得了访问内部 Zabbix 控制台的权限，从而在网站服务器上恶意部署 VPN 通道，导致攻击者成功通过 VPN 方式直接拨号进入到服务器内网，并可能已造成内网敏感信息数据泄露。Zabbix 控制台是一种监控内网服务器运行状态的分布式监控程序，一般会在被监控服务器主机上安装 Zabbix Agent，对内部服务器进行统一监管。攻击路径示意图如下页图中所示。

② 在网站服务器上安装 VPN 程序，需要相对高的权限。安全服务人员进一步排查发现，该公司内网安装了 Zabbix 控制台，它拥有对所有安装 Zabbix Agent 的服务器下发任意系统命令的权限。

③ 通过分析 Zabbix Agent 日志发现，攻击者至少从 Zabbix 控制台推送三个

关键命令到各个 Agent 服务器，为其进行一系列的恶意操作做准备。第一，执行特定系统命令，获得远程交互权限；第二，下载某个.bat 文件，把恶意代码加载到内存中；第三，下载 VPN 文件并部署在服务器中，为后续攻击建立通道。

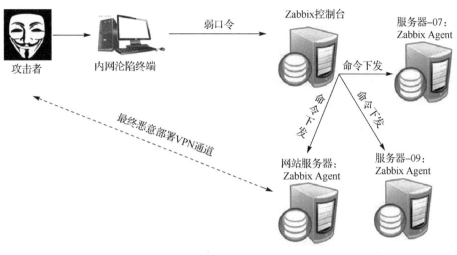

攻击路径示意图

(3) 处置方案

安全服务人员根据网站日志还原网站攻击事件，找到了应用的漏洞与攻击源地址，并针对漏洞提出如下修补建议。

① 做好终端防护，需对内网 PC 做全面的安全检查，尽早消灭终端安全隐患。

② 对内部服务器系统进行弱口令检查，及时修改弱口令，避免被恶意利用。

6. 某集团酒店服务器被控制造，造成信息泄露

(1) 场景回顾

2018 年 8 月 28 日凌晨，有人在互联网上发布消息称：某集团旗下酒店住房数据泄露，泄露数据库涉及该集团旗下所有酒店，共分为三份文档。

其一为某集团官网注册资料，包括用户姓名、手机号、邮箱、身份证、登录密码等，共计 53GB 信息，约 1.23 亿条记录。

其二为酒店入住登记信息，包括入住人员姓名、身份证、家庭住址和生日等，共计 22.3GB 信息，涉及 1.3 亿条身份信息。

其三为住房记录，可与第二份文档关联查询，包含入住及离开酒店的时间、房间号、消费信息等内容，共计 66.2GB 信息，约 2.4 亿条记录。

2018 年 8 月 29 日奇安信集团接到某市监管机构通知，需要到某集团现场，对该事件进行分析和溯源。

(2) 问题研判

① 溯源发现，该集团内、外部大量服务器已经沦陷，包括数据库所在的域控服务器、OA 及办公网所在域控服务器等均被恶意攻击者远程控制。

② 同时发现恶意攻击者依然在远程控制着该集团的内网服务器。内网沦陷的方式包括但不限于 VPN 账户信息泄露、对外的 Web 站点存在安全漏洞等。

(3) 处置方案

① 部署全流量监控设备，可及时发现未知攻击流量，以及加强攻击溯源能力，有效防止日志被轮询覆盖或被恶意清除，有效保障服务器沦陷后可进行攻击排查和原因分析。

② 对系统用户密码及时进行更改，并使用 LastPass 等密码管理器对相关密码进行加密存储，避免使用本地明文文本的方式进行存储。

③ 系统相关用户杜绝使用弱口令，同时，应该使用高复杂强度的密码，尽量包含大小写字母、数字、特殊符号等。

④ 加强运维人员安全意识教育，禁止密码重用的情况出现，并定期对密码进行更改。

17.5 遭遇 APT 攻击典型案例

1. 某大型能源公司网站遭遇 APT 攻击

"海莲花"（OceanLotus）是首个由国内安全机构披露的 APT 组织。2012 年 4 月起至今，该境外黑客组织对中国政府、科研院所、海事机构、海域建设机构、航运企业等相关重要领域部门展开了有组织、有计划、有针对性的长时间不间断攻击。该组织主要通过鱼叉攻击和水坑攻击等方法，配合多种社会工程学手段进行渗透，向境内特定目标人群传播专用木马程序，秘密控制部分政府人员、外包商和行业专家的计算机系统，窃取系统中相关领域的机密资料。

(1) 场景回顾

2017 年 11 月，云监测发现，某大型能源公司网站被"海莲花"APT 组织攻陷。网站是整个组织暴露在外的非常关键的入口，这是某安全软件发现的首个APT与网站入侵直接相关的国内案例。

(2) 问题研判

① 该大型能源公司被"海莲花"APT组织攻陷，云监测发现其采用的是水坑攻击方式，并且在网站首页上存在"海莲花"APT水坑域名相关的JS脚本。

② 攻击者入侵网站后，不仅破坏网站的安全性，还会收集访问用户的系统信息。

③ 如果确认感兴趣的目标，则会执行进一步的钓鱼攻击，获取敏感账号信息，或尝试植入恶意程序进行秘密控制。

(3) 处置方案

① 建议该公司及时清理被篡改的相关页面。

② 该公司与安全厂商合作，展开全面调查。

17.6　忽视网络安全建设易遭遇的问题

国内大型企业的内部网络建设起步较早，在5年甚至10年以前建设的内部网络仍然在广泛使用。受到历史因素的局限，这些网络系统在建设过程中，往往没有充分考虑到业务功能的区分与隔离，从而造成网络结构混乱，网络资产混杂的情况。特别是很多大型企业除基本的生产部门外，交通运输、航空海运、医疗卫生、科研教育、生活居住等系统也一应俱全。这也就进一步加大了这些企业内部网络结构与网络管理的复杂性。甚至在多数情况下，很多企业网络资产的混杂程度已经根本无法从物理层面进行严格区分。

1. 生产、生活、办公区网络混杂

(1) 场景回顾

2015年，国内某大型企业的一个工业园区的办公系统采购了一套自动化部署的终端安全软件。然而在部署实施过程中，突然发生了上百台计算机同时被报告感染病毒的情况，引起了该企业IT管理人员的恐慌。一日之内就有上百台计算机同时被报告感染病毒，意味着可能发生了大规模网络攻击事件。

(2) 问题研判

① 此次事件实际上是由于该工业园的办公区网络与生活区网络隔离管理疏忽造成的。

② 此前该企业采购的终端安全软件采用的是非自动化部署方式，所以一直没有出现扩大安装范围的情况。而该企业此次更换的终端安全软件，则采用了可控网段内自动牵引安装的方式，即在企业设定网段内，每台联网的计算机在访问网络时，都会被提示强制安装指定的安全软件。相比于人工部署，这种部署方式成本低，可靠性高。

③ 但是，在该企业提供的可控网段中，实际上有超过一半的联网终端并非办公终端，而是该企业自建家属院的家用计算机。同时，由于此前该企业从未对居民小区计算机进行过安全管控，其中大量计算机已经感染了病毒。所以，在此次终端安全软件自动化部署过程中被强制安装安全软件的居民家用计算机中，检测出了大量带毒计算机。

④ 按照该企业原有的网络管理规划，生活区与办公区的网络应该是相互隔离的。但相关安全管理策略在此次新的终端安全软件部署过程中没有进行有效的更新，从而引发了此次异常事件。

类似的办公区与生活区网络未做区分隔离，或隔离策略配置失当，长期无人维护的情况，在大型企业中非常普遍。此外，很多大型企业内部的生产系统、运输系统、医疗系统、教育系统等不同功能实体之间的网络及网络资产也普遍存在"互联互通"、交叉混杂的情况。

这种网络资产混乱使用的情况，不仅给企业的网络安全管理带来了极大的困难，同时也确实会给企业带来巨大的安全风险。

2. 历史同源企业网络仍然互通，可轻易突破

(1) 场景回顾

2016 年年初，某大型企业在自查过程中发现其内部网络流量异常。调查发现，该企业某 IT 人员在企业的内网服务器上私自架设了一个游戏私服，并吸引了该企业大量内部员工登录使用。

然而，进一步的调查发现更加让人吃惊，在该私服上登录的用户中，不仅仅有来自该企业的计算机用户，还有来自其他企业的计算机用户，并且还有少数用户通过生活区网络登录了该私服。

(2) 问题研判

调查发现，之所以其他企业的用户能够接入该企业的网络，主要是由于其他的这些企业与该企业之间存在历史渊源，相互之间的网络系统并未实现完全有效隔离。据涉案当事人交代，他自己也是无意间发现，只需要不太复杂的技术手段，就可以让某些企业的内部网络实现互通。

3. 网络出口数量不清，管控不一，措施不当

(1) 场景回顾

2015 年年末，某大型企业发生了一起内部文件泄露至互联网的安全事件。调查发现，文件泄露的主要原因是有黑客盗用该企业某地方分公司员工账号，并登录了该企业核心网络资源。

(2) 问题研判

事实上，该企业的集团总部已经部署了大量安全措施。从本次文件泄露事件的攻击手法来看，已经部署的防护措施完全可以有效防御。但是，问题出在统一管理上。该企业的集团总部部署的安全措施并未在各地方分公司全面执行，而且某些地方分公司为了使用方便，对相关安全措施进行了"打折扣"的执行。这些问题主要表现为以下几个方面。

① 各地安全管理措施不一致，防护强度差异很大，但从该企业各地办公网络登录其核心网络资源的权限却差别不大。由此形成了其内部核心网络安全的"木桶效应"。

② 部分地方分公司使用的 VPN 是静态密码，这也是员工账号被盗后黑客能够成功登录核心网络资源的主要漏洞所在。如果按照基本规范正确使用 VPN，使用动态密码，则黑客盗号后是难以成功登录的。

③ 各地方分公司系统的互联网出口没有进行统一管理。调查发现，该企业仅在某省一地就有十余个互联网出口，但其当地的 IT 管理人员对其中的绝大多数出口都不知情。

实际上，各地方或各分支机构网络安全管理措施不一致的问题，在大型企业，特别是员工众多，覆盖地域广泛，系统类型繁复的大型企业中非常普遍。

4. 大型系统缺乏安全设计，容易造成信息泄露

对于"互联网+"时代的大型企业来说，网络安全应该成为顶层设计。对于大型企业来说，很多系统一旦投入生产使用，往往就是全国性部署，动辄可能

影响数万，甚至数十万个基础设施建设。而这些大规模部署的生产系统，一旦被发现存在网络安全漏洞，往往很难进行后期修复，甚至根本无法进行后期修复。某些严重的情况下，甚至可能导致投资数十亿元，甚至上百亿元建设的网络系统完全无法使用，只能做报废处理。

(1) 场景回顾

2016年，某大型企业对其新建成的内部会议系统进行渗透测试。该会议系统整体功能设计十分先进，除了一般的会议邀请、会议室预订等功能，还能监控重要会议的会议现场，同时方便快捷发起高质量的电话会议或视频会议。

(2) 问题研判

经过安全专家渗透测试发现，该系统存在诸多安全隐患，很容易被攻击者入侵和监控。

① 测试人员可在完全没有被授权的情况下，通过互联网直接连入该企业的会议系统。

② 测试人员可以比较轻易地联网获取管理员权限，进而查看任意一场会议的开会时间、开会地点、参会人员及现场监控。

③ 如果是实时在线的视频会议或电话会议，测试人员还可以偷看到任何一场进行中的视频会议的会议画面，或窃听电话会议的语音内容。

④ 测试人员还意外地通过该会议系统，渗透进入了该企业的人力资源管理系统，并查看到了该企业所有员工的岗位、薪酬和休假情况等。

5. 先建设后防护，导致企业办公系统沦陷

大型企业一般会掌握着大量的基础设施、战略物资储备及战略规划等国家级核心机密信息，因此也一直是境内外高级攻击组织重点攻击的目标。但是，很多大型企业都存在着"重发展轻安全，先建设后防护"的错误观念，同时严重缺乏科学有效的网络安全管理经验，易造成机密信息的泄露。

(1) 场景回顾

2016年，某大型能源企业的一个地方公司的办公总部搬迁，新办公楼建设完成后急于启用，因此在未部署任何网络安全防护措施的情况下，便开始入住和办公，整个办公楼中的计算机和网络系统在一个月左右的时间里几乎完全"裸奔"。

(2) 问题研判

① 该企业开始在新办公楼中全面部署安全防护系统时才发现，整个办公楼

中已经有至少数十台办公计算机感染了木马病毒，办公系统中的多台服务器被入侵和控制。

② 在随后进行的进一步深入调查中发现，有确切的证据表明，该企业的某些核心计算机设备在近一个月内遭到了高级组织的网络攻击，该企业在全国建设的某些管网图、勘探图等机密资料可能被窃。

17.7　安全意识不足易遭遇的问题

1. 废弃网址无人管理，导致数万员工账号被盗

(1) 场景回顾

2016 年 7 月，某大型企业的 IT 管理部门报告称，一夜之间，该公司有数百名员工的办公账号被锁，原因是这些账号均在短时间内发生了大量异常登录现象，触发了系统的安全防护机制。

调查发现，这些办公账号的异常登录行为均来自国外，并且最让人不解的是，几乎所有被发现异常登录的账号，攻击者输入的账号和密码都是完全正确的。只不过，由于攻击者并非通过企业专网进行登录，而且也没有使用企业 VPN，因此触发了该企业的其他安全管理机制做出响应，阻止了攻击者的入侵。

但是，攻击者是如何盗取大量员工的办公账号和密码的呢？

(2) 问题研判

进一步的调查结果让人十分惊讶，所有账号被盗的员工，均在过去三个月中访问了一个钓鱼网站，而这个钓鱼网站的域名恰恰是该企业三个月前刚刚弃用的旧的官方网址。该企业在使用新的官网域名后，并未继续管理旧的网站域名。而攻击者则在该企业弃用旧域名后，立即抢注了这个域名，并且使整个网站系统的页面保持与官网相同，普通人几乎无法分辨出真假。

而正是由于整个钓鱼网站页面可以以假乱真，网址又是该企业旧官网的网址，所以很多员工在日常工作中习惯性地访问了这个钓鱼网站，并在登录时泄露了自己的办公账号和密码。

2. 员工误用网络工具，泄露企业高级机密

(1) 场景回顾

2016 年年初，某大型企业高层领导在撰写工作计划 PPT 时上网查找资料，

却意外地发现这份正在撰写的 PPT 竟然出现在百度文库中。而在 PPT 中包含大量该企业的商业机密，甚至包含部分国家机密。

(2) 问题研判

后经调查发现，问题出现在一位基层员工身上。此前几天，这位领导将 PPT 初稿的撰写工作交代给了秘书，而秘书又将这项工作下发给了一名比较了解情况的员工。而该员工在上班期间未能全部完成工作，于是打算将 PPT 上传到云盘，回家继续完成。但这位员工却习惯性地将文件上传到了百度文库，将百度文库当成了云盘使用，同时没有将文档的查阅权限设为私有，于是就导致了这份 PPT 可以直接从百度及百度文库上搜索到。

实际上，由于员工不能正确使用互联网产品，或者互联网产品本身存在泄密风险，从而导致企业商业机密信息泄露的情况在实际工作环境中极易发生。

3. 私拷数据泛滥，导致国家地质情报泄露

(1) 场景回顾

2016 年年初，某大型企业的地质勘探部门发现，某些同行小公司手中居然拥有该企业内部使用的地质地理数据库，而且信息非常全面。经调查确认，这些数据库信息很有可能是从该企业勘探部门下属的一家子公司泄露出去的。

(2) 问题研判

为了找到数据泄露的具体原因，该大型企业开始对这家下属子公司的所有工作人员展开全面调查。经调查发现，该公司的员工及其日常管理存在以下几种不规范或违规行为。

① 员工从计算机或服务器中下载、复制数据没有任何限制。

② 很多员工随身携带的 U 盘中都存储了该公司的大量核心数据资源，主要目的是方便外出勘探时使用。

③ 少数员工使用公司的地质地理数据库暗中接私活，其中私活的雇主就包括很多同行小公司。

④ 个别员工私下直接盗卖公司核心数据库中的数据资源。

17.8 第三方企业系统造成的安全问题

1. ERP 系统被黑，导致企业数百万元被盗

(1) 场景回顾

某大型企业的一个下属单位发生了这样一起攻击事件：一天该单位的财务总监接到了单位总经理发来的邮件，催办一笔给供应商应结的合同款项。这位总监让会计确认，如果进度没有问题就将钱打过去。会计登录该公司的 ERP(Enterprise Resource Planning，企业资源计划)系统确认之后，就将项目款项支付了。但过了一段时间，这家企业的供应商因未收到合同款而再次来催款。会计核对账目后发现，这笔数百万元的项目款竟然支付到了某个未知的黑客账户中，同时，该企业 ERP 系统中的供应商收款账户被恶意篡改了。

但是，令该企业 IT 管理人员困惑的是，公司的 ERP 系统是只在企业内网环境中运行的隔离系统，攻击者究竟使用了什么方法实施入侵呢？

(2) 问题研判

① 经查，这家企业的 OA 系统中存在数个后门程序，而且 OA 系统可以直接通过互联网登录。虽然 OA 系统中的用户密码经过了 MD5 加密处理，但是由于该企业总经理设置的密码强度不高，所以总经理的 OA 账户很容易就能破解。同时，这位总经理的邮箱密码和 OA 密码相同，导致攻击者在成功入侵了 OA 系统之后还可以直接登录总经理的邮箱。实际上，总经理发出的所谓的催办邮件，就是攻击者盗取总经理邮箱账户后，登录其邮箱发出的。

② 那么，ERP 系统是如何被入侵的？在调查中发现，虽然该公司的财务系统和 ERP 系统确实都是在内网环境中运行的，但是通过 OA 系统也可以访问 ERP 系统和财务系统。因此，可以猜测，攻击者实际上是首先通过互联网途径入侵了该企业的 OA 系统，并且在 OA 系统中植入后门程序，随后又以 OA 系统的服务器为跳板，进行进一步的内网控制，并入侵了 ERP 系统。随后在 ERP 系统中发现的后门程序证实了上述猜测。

安全专家在对该企业的 OA 系统进行渗透测试时发现，该系统存在大大小小的漏洞 17 处之多，并且攻击者可以通过这些攻击链路直接修改内网 ERP 系统中的数据。将场景复盘之后得到的攻击流程大致如下。

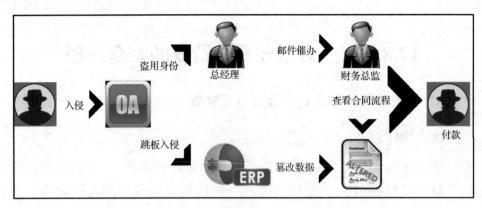

攻击流程

2. 某电商企业用户订单信息被窃取

(1)场景回顾

某互联网特殊品类电商企业频频发生用户订单信息泄露事件,并因此接到了大量用户的反馈与投诉。根据用户反馈情况,很多用户刚刚在该电商平台上表达了购买意向,便立即接到了该电商平台的某个主要竞争对手的营销电话,而且营销信息非常精准,不仅能准确地说出用户的相关信息,而且也对用户想要购买的商品了如指掌。在竞争对手的营销电话的鼓动之下,很多用户选择了去竞品平台进行购物。很显然,该电商平台的用户订单信息被泄露了,而且其竞争对手几乎可以实时获取该平台的用户订单信息。

根据该电商企业的粗略评估,在用户订单信息泄露现象出现的一个多月里,共有 2000 多位用户被竞品的营销电话挖走,平均每个用户的流失给该企业造成至少 1000 元的经济损失。

(2)问题研判

经过两个月的全面排查,最终发现该电商企业及其网站系统存在以下多处安全隐患。

① 该电商企业的供应商使用的系统存在未授权访问接口,可以遍历网站内部数据。

② 内网部分服务器已被植入后门程序,而后门程序能够被植入的主要原因是某内部系统未设置访问控制策略,导致攻击者可以从互联网直接访问其内网系统。

③ 该企业确实存在"内鬼"。

17.9　海外竞争中遇到的安全问题

在境外地区，特别是在不发达国家，当地的网络环境十分复杂，网络安全建设更是十分落后。境内企业在境外的商业活动中易遭遇网络攻击和信息泄密。不仅如此，在很多不发达国家和地区，各国利益集团与当地网络运营商的关系也错综复杂，境内企业在境外遭遇网络监控、电话窃听等事件也屡见不鲜。

此类问题使用常规手段不易解决，一般需要使用自主可控的端到端的加密通信产品来进行保护。

某企业境外投标屡次泄密，被迫使用密码本

（1）场景回顾

2016 年上半年，国内某大型企业在境外某地区竞标过程中，屡次发生疑似投标信息泄密事件。

起初，该企业境外办公人员与境内总部的联络主要通过电子邮件或即时通信软件进行。但连续几次投标的失利使该企业对网络通信的安全性产生了怀疑。因为某个竞争对手不仅每次投标价格都仅比己方的报价低一点，而且很多方案细节明显是在得知己方方案计划后做出的针对性设计。

尽管在随后针对境外员工的计算机和手机的安全检测中，并未发现中毒迹象，但公司还是决定，在该地区办公的境外员工一律改用老式功能机进行通信，所有招投标细节仅通过电话语音沟通，而且尽可能不发短信。但在改用此措施后，又发生了数次丢标事件，情况仍与先前类似。

（2）问题研判

最终，万般无奈之下，该企业对于境外办公人员的通信方式做出了以下三点规定。

① 只能使用诺基亚等老式功能机进行通信。

② 涉及招投标等敏感信息的通信，一律使用密码本，用手机按照密码本发送短信。

③ 密码本至少每个月更换一次，且新的密码本必须由境外办公人员回国领取，并随身携带至国外。

随后疑似投标信息泄密事件再未发生。

附录 A
勒索病毒网络安全应急响应自救手册

A.1 常见勒索病毒种类介绍

自 2017 年"永恒之蓝"(WannaCry)勒索事件之后,勒索病毒愈演愈烈,不同类型的变种勒索病毒层出不穷。

勒索病毒有传播速度快、目标性强等特点。常利用"永恒之蓝"漏洞、暴力破解、钓鱼邮件等方式传播。勒索病毒文件一旦被用户单击打开,进入本地,就会自动运行,同时删除勒索软件样本,以躲避查杀和分析。因此,加强对常见勒索病毒的防范至关重要。勒索病毒种类多至上百种,以下整理了近期较为流行的勒索病毒,供读者参考。

1. WannaCry

2017 年 5 月 12 日,WannaCry 全球大爆发,至少 150 个国家、30 万用户"中招",造成损失达 80 亿美元。WannaCry 通过 MS17-010 漏洞在全球范围大爆发,感染了大量的计算机,该蠕虫病毒感染计算机后会在计算机中植入敲诈者病毒,导致计算机大量文件被加密。受害者计算机被黑客锁定后,病毒会提示需要支付相应赎金方可解密。被攻击后的截图如下图所示。

被攻击后的截图

(1)常见后缀：wncry。

(2)传播方式："永恒之蓝"漏洞。

(3)特征：启动时会连接一个不存在的 url，创建系统服务 mssecsvc2.0，释放路径为 Windows 目录。

2. **GlobeImposter**

该勒索病毒自 2017 年出现，从 2018 年 8 月 21 日起多地发生勒索病毒事件，攻击目标主要是开着远程桌面服务的服务器。攻击者通过暴力破解服务器密码，对内网服务器发起扫描并人工投放勒索病毒，导致文件被加密，并常通过 RDP 暴力破解后手工投毒传播，暂无法解密。被攻击后的截图如下图所示。

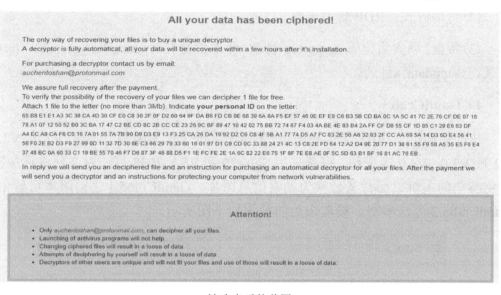

被攻击后的截图

(1)常见后缀：auchentoshan、动物名+4444。

(2)传播方式：RDP 暴力破解、垃圾邮件、捆绑软件。

(3)特征：释放位置在%appdata%或%localappdata%。

3. **Crysis/Dharma**

该勒索病毒最早出现在 2016 年，在 2017 年 5 月万能密钥被公布之后，消失了一段时间，但在 2017 年 6 月后开始继续更新。攻击方法同样是通过远程 RDP 暴力破解的方式，植入到用户的服务器进行攻击。由于 Crysis 采用 AES+RSA 的加密方式，最新版本无法解密。被攻击后的截图如下图所示。

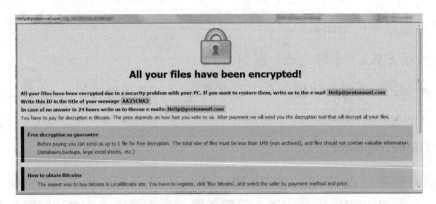

被攻击后的截图

（1）常见后缀：【id】+勒索邮箱+特定后缀。

（2）传播方式：RDP 暴力破解。

（3）特征：勒索信位置在 startup 目录，样本位置在%windir%\system32、startup 目录、%appdata%目录。

4. GandCrab

该勒索病毒于 2018 年年初面世，仅半年的时间，就连续出现了 V1.0、V2.0、V2.1、V3.0、V4.0 等变种。病毒采用 Salsa20 和 RSA-2048 算法对文件进行加密，并将感染的主机桌面背景替换为勒索信息图片。GandCrab5.1 之前版本可解密，GandCrab5.2 无法解密。被攻击后的截图如下图所示。

被攻击后的截图

（1）常见后缀：随机生成。

（2）传播方式：RDP 暴力破解、钓鱼邮件、捆绑软件、僵尸网络、漏洞传播等。

（3）特征：样本执行完毕后自动删除，并会修改感染主机桌面背景。

5. Satan

Satan 首次出现在 2017 年 1 月。该勒索病毒进行 Windows&Linux 双平台攻击。被攻击后的截图如下图所示。

被攻击后的截图

（1）常见后缀：evopro、sick 等。

（2）传播方式："永恒之蓝"漏洞、RDP 暴力破解、JBoss 系列漏洞、Tomcat 系列漏洞、WebLogic 组件漏洞等。

（3）特征：最新变种暂时无法解密，以前的变种可解密。

6. Sacrab

Scarab 于 2017 年 6 月首次发现，此后，有多个版本的变种陆续产生并被发现。最流行的一个版本是通过 Necurs 僵尸网络进行分发，使用 Visual C 语言编写而成的，还可通过垃圾邮件和 RDP 暴力破解等方式传播。在针对多个变种进行脱壳之后，又于 2017 年 12 月发现变种 Scarabey，其分发方式与其他变种不同，并且它的有效载荷代码也不相同。被攻击后的截图如下图所示。

被攻击后的截图

(1)常见后缀：krab、sacrab、bomber、crash。

(2)传播方式：Necurs 僵尸网络、RDP 暴力破解、垃圾邮件等。

(3)特征：样本释放位置在%appdata%\roaming。

7. Matrix

Matrix 是目前为止变种较多的一种勒索病毒，该勒索病毒主要通过入侵远程桌面进行感染安装，黑客通过暴力枚举直接连入公网的远程桌面服务，从而入侵服务器，获取权限后便会上传该勒索病毒进行感染。勒索病毒启动后会显示感染进度等信息，在过滤部分系统可执行文件类型和系统关键目录后，对其余文件进行加密。被攻击后的截图如下图所示。

被攻击后的截图

(1)常见后缀：grhan、prcp、spct、pedant 等。

(2)传播方式：RDP 暴力破解。

8. Stop

与 Matrix 类似，Stop 也是一种有多种变种的勒索病毒。被攻击后的截图如下图所示。

被攻击后的截图

(1) 常见后缀: tro、djvu、puma、pumas、pumax、djvuq 等。

(2) 传播方式: 垃圾邮件、捆绑软件和 RDP 暴力破解。

(3) 特征: 样本释放位置在%appdata%\local\<随机名称>, 可能会执行计划任务。

9. Paradise

Paradise 最早出现在 2018 年 7 月, 最初版本会附加一个超长后缀到原文件名末尾。在每个包含加密文件的文件夹中都会生成一封勒索信, 勒索信的样式如下面几张图所示。

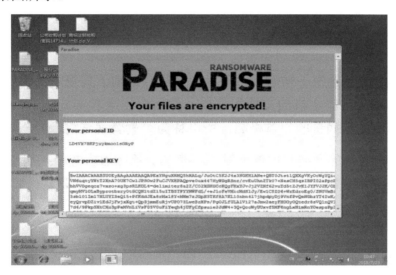

勒索信样式 1

勒索信样式 2

```
All your files have been encrypted contact us via the e-mail
listed below.
e-mail: support@p-security.li or e-mail: needheplcry@cock.li


Paradise Ransomware team.
```

勒索信样式 3

(1) 常见后缀：文件名_%ID 字符串%_{勒索邮箱}.特定后缀。

(2) 特征：将勒索弹窗和自身释放到 startup 启动目录。

A.2 病情判断

如何判断服务器中了勒索病毒呢？勒索病毒区别于其他病毒的明显特征是，攻击后会加密受害者主机的文档和数据，然后对受害者实施勒索，以便获取非法所得。使用勒索病毒的收益极高，所以称为"勒索病毒"。

使用勒索病毒的主要目的既然是为了勒索，那么黑客在植入病毒、完成加密后，必然会提示受害者文件已经被加密且无法再打开，需要支付赎金才能恢复文件。所以，勒索病毒有明显区别于一般病毒的典型特征。如果服务器出现了以下特征，即表明已经中了勒索病毒。

1. 业务系统无法访问

自 2018 年以来，勒索病毒的攻击不再局限于加密核心业务文件，转而对企业的服务器和业务系统进行攻击，感染企业的关键系统，破坏企业的日常运营，甚至还延伸至生产线（生产线不可避免地存在一些遗留系统且各种硬件难以升级打补丁，一旦遭到勒索攻击，甚至可能造成生产线停产）。

例如，2018 年 2 月，某三甲医院遭遇勒索病毒，全院所有的医疗系统均无法正常使用，正常就医秩序受到严重影响。

但是，当业务系统出现无法访问、生产线停产等现象时，并不能 100%确定是服务器感染了勒索病毒，也有可能是遭到 DDoS 攻击或是中招了其他病毒等，所以，还需要结合以下其他特征来判断。

2. 计算机桌面被篡改

服务器感染勒索病毒后，最明显的特征是计算机桌面发生明显变化，即桌面通常会出现新的文本文件或网页文件，这些文件用来说明如何解密信息。同时桌面上显示勒索提示信息及解密联系方式，通常提示信息为英文，使用中文提示的情况较少。

3. 文件后缀被篡改

服务器感染勒索病毒后，另外一个典型特征是：办公文档、照片、视频等文件的图标变为不可打开形式，或者文件后缀名被篡改。一般来说，文件后缀名会被改成勒索病毒家族的名称或其家族代表标志。

下图为计算机感染勒索病毒后，文件名后缀及图标被篡改的截图。

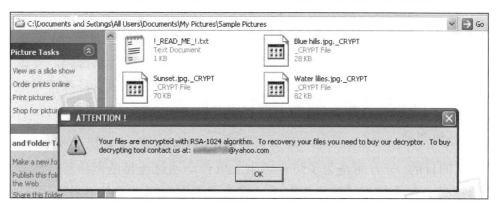

文件名后缀及图标被篡改的截图

A.3 自 救 方 法

当确认感染勒索病毒后，应当及时采取必要的自救措施。之所以要进行自救，主要是因为：等待专业人员的救助往往需要一定的时间，采取必要的自救措施，可以避免等待过程中损失的进一步扩大。

1. 正确的处置方法

(1) 隔离"中招"主机

① 处置方法

当确认服务器已经感染勒索病毒后，应立即隔离被感染主机，隔离主要包括物理隔离和访问控制两种手段。物理隔离主要指断网或断电；访问控制主要指对访问网络资源的权限进行严格的认证和控制。

● 物理隔离

物理隔离常用的操作方法是：断网和关机。

断网的主要操作步骤包括：拔掉网线、禁用网卡，如果是笔记本电脑还需关闭无线网络。

- 访问控制

访问控制常用的操作方法是：添加控制策略和修改登录密码。

添加控制策略的主要操作步骤为：在网络侧使用安全设备进行进一步隔离，如使用防火墙或终端安全监测系统；避免将远程桌面服务(RDP，默认端口为3389)暴露在公网上(如果为了远程运维方便确有必要开启，则可通过VPN登录后访问)，并关闭445、139、135等不必要的端口。

修改登录密码的主要操作为：立刻修改被感染服务器的登录密码；修改同一局域网下的其他服务器密码；修改高级系统管理员账号的登录密码。修改的密码应为高强度的复杂密码，一般要求采用大小写字母、数字、特殊符号混合的组合结构，口令位数足够长(15位、两种组合以上)。

② 处置原理

隔离的目的，一方面是为了防止感染主机自动通过连接的网络继续感染其他服务器；另一方面是为了防止黑客通过感染主机继续操控其他服务器。

有的勒索病毒会通过系统漏洞或弱密码向其他主机进行传播，如WannaCry，一旦有一台主机感染，则会迅速感染与其在同一网络的其他计算机，且每台计算机的感染时间约为1~2分钟。所以，如果不及时进行隔离，可能会导致整个局域网主机的瘫痪。

另外，近期也发现有黑客会以暴露在公网上的主机为跳板，再顺藤摸瓜找到核心业务服务器进行勒索病毒攻击，造成更大规模的破坏。

当确认服务器已经感染勒索病毒后，应立即隔离被感染主机，防止病毒继续感染其他服务器，造成无法估计的损失。

(2)排查业务系统

① 处置方法

在已经隔离被感染的主机后，应对局域网内的其他机器进行排查，检查核心业务系统是否受到影响，生产线是否受到影响，并检查备份系统是否被加密等，以确定感染的范围。

② 处置原理

业务系统的受影响程度直接关系着安全事件的风险等级。评估风险，及时采取正确的处置措施，避免更大的危害。

另外，备份系统如果是安全的，就可以避免支付赎金，顺利恢复文件。

所以，当确认服务器已经感染勒索病毒后，并在确认已经隔离被感染主机的情况下，应立即对核心业务系统和备份系统进行排查。

(3)联系专业人员

在应急自救处置后，建议第一时间联系专业的技术人员或安全服务从业者，对事件的感染时间、传播方式、感染家族等问题进行排查。

2. 错误的处置方法

(1)使用移动存储设备

① 错误操作

当确认服务器已经感染勒索病毒后，在中毒计算机上使用 U 盘、移动硬盘等移动存储设备。

② 错误原理

勒索病毒通常会对感染计算机上的所有文件进行加密，所以当插上 U 盘或移动硬盘时，也会立即对其存储的内容进行加密，从而造成更大损失。从一般性原则来看，当计算机感染病毒时，病毒也可能通过 U 盘等移动存储介质进行传播。

所以，当确认服务器已经感染勒索病毒后，切勿在中毒的计算机上使用 U 盘、移动硬盘等设备。

(2)读写"中招"主机上的磁盘文件

① 错误操作

当确认服务器已经感染勒索病毒后，轻信网上的各种解密方法或工具，自行操作。反复读取磁盘上的文件反而会降低数据正确恢复的概率。

② 错误原理

很多流行勒索病毒的基本加密过程为：

首先，将保存在磁盘上的文件读取到内存中；

其次，在内存中对文件进行加密；

最后，将修改后的文件重新写到磁盘中，并将原始文件删除。

也就是说，很多勒索病毒在生成加密文件的同时，会对原始文件采取删除操作。理论上说，使用某些专用的数据恢复软件，还是有可能部分或全部恢复被加密文件的。

而此时，如果用户对计算机磁盘进行反复的读写操作，有可能破坏磁盘空间上的原始文件，最终导致原本还有希望恢复的文件彻底无法恢复。

A.4 系统恢复

感染勒索病毒后，最重要的就是怎么恢复被加密的文件。一般来说，可以通过还原历史备份、使用解密工具、支付赎金、重装系统的方式来恢复被感染的系统。但是这四种操作都有一定的难度，因此，建议受害者不要盲目自行操作，可以联系专业的技术人员或安全服务厂商协助，确保赎金的支付和解密过程正确，避免其他不必要的损失。

1. 还原历史备份

如果事前已经对文件进行了备份，那么将不用担忧和烦恼。可以直接从云盘、硬盘或其他灾备系统中恢复被加密的文件。值得注意的是，在文件恢复之前，应确保系统中的病毒已被清除，对磁盘进行格式化或是重装系统，以免导致备份文件也被加密。

事先进行备份，是最有效也是成本最低的恢复文件的方式。

2. 使用解密工具

绝大多数勒索病毒使用的加密算法是国际公认的标准算法，这种加密方式的特点是，只要加密密钥足够长，普通计算机可能需要数十万年才能够破解，破解成本是极高的。通常情况下，如果不支付赎金是无法解密恢复文件的。

但是，对于以下三种情况，可以通过安全厂商提供的解密工具恢复感染文件。

① 勒索病毒的设计编码存在漏洞或并未正确实现加密算法。

② 勒索病毒的制造者主动发布了密钥或主密钥。

③ 执法机构查获带有密钥的服务器，并进行了分享。

受害者可以通过下图所示网站查询哪些勒索病毒可以解密。例如，GandCrab 家族勒索病毒，GandCrabV5.0.3 及以前的版本可以通过 360 解密大师进行解密。

网站查询

需要注意的是，使用解密工具之前，务必要备份加密的文件，防止解密不成功导致无法恢复数据。

3. 支付赎金

勒索病毒的赎金一般为比特币或其他数字货币，数字货币的购买和支付对一般用户来说具有一定的难度和风险，具体主要体现在以下几方面。

① 统计显示，95%以上的勒索病毒攻击者来自境外，由于语言不通，容易在沟通中产生误解，影响文件的解密。

② 数字货币交付需要在特定的交易平台下进行，不熟悉数字货币交易时，容易造成人财两空。

所以，即使支付赎金可以解密，也不建议受害者自行支付赎金。可联系专业的安全公司或数据恢复公司进行处理，以保证数据的成功恢复。

4. 重装系统

当文件无法解密，且被加密的文件价值较小时，也可以采用重装系统的方法恢复系统。但是，重装系统意味着文件再也无法恢复。另外，重装系统后需更新系统补丁、安装杀毒软件及更新杀毒软件的病毒库到最新版本。对于服务器也需要进行针对性地"防黑加固"。

A.5 加强防护

1. 终端用户安全建议

对于普通终端用户,给出以下建议,以帮助用户免遭勒索病毒的攻击。

(1) 养成良好的安全习惯

① 计算机应当安装具有云防护和主动防御功能的安全软件,不随意退出安全软件或关闭防护功能,对安全软件提示的各类风险行为不要轻易放行。

② 使用安全软件的第三方打补丁功能对系统进行漏洞管理,第一时间给操作系统和 IE、Flash 等常用软件打好补丁,定期更新病毒库,以免病毒利用漏洞自动入侵计算机。

③ 一定要使用强密码,并且不同账号使用不同密码。

④ 重要文档数据应经常做备份,一旦文件损坏或丢失,也可以及时找回。

(2) 减少危险的上网操作

① 不要浏览来路不明的色情、赌博等不良网站,这些网站经常被用于发动挂马、钓鱼攻击。

② 不要轻易打开陌生人发来的邮件附件或邮件正文中的网址链接。

③ 不要轻易打开后缀名为 js、vbs、wsf、bat 等脚本文件和 exe、scr 等可执行程序,对于陌生人发来的压缩文件包,更应提高警惕,应先扫毒再打开。

④ 计算机连接移动存储设备,如 U 盘、移动硬盘等,应首先使用安全软件检测其安全性。

⑤ 对于安全性不确定的文件,可以选择在安全软件的沙箱功能中打开运行,从而避免木马对实际系统的破坏。

2. 政企用户安全建议

① 安装"天擎"等终端安全软件,及时给办公终端打补丁、修复漏洞,包括操作系统及第三方应用的补丁。

② 针对政企用户的业务服务器,除了安装杀毒软件,还需要部署安全加固软件,阻断黑客攻击。

③ 政企用户应采用足够复杂的登录密码登录办公系统或服务器,并定期更

换密码，严格避免多台服务器共用同一个密码。

④ 对重要数据和核心文件及时进行备份，并且将备份系统与原系统隔离，分别保存。

⑤ 安装天眼等安全设备，增强全流量威胁检测手段，实时监测威胁、事件。

⑥ 如果没有使用的必要，应尽量关闭不必要的常见网络端口，如445、3389等。

⑦ 提高安全运维人员职业素养。除工作计算机需要定期进行木马病毒查杀外，如有远程家中办公用的计算机，也需要定期进行病毒木马查杀。

⑧ 提升新兴威胁对抗能力。通过对抗式演习，从安全的技术、管理和运营等多个维度出发，对企业的互联网边界、防御体系及安全运营制度等多方面进行仿真检验，持续提升企业对抗新兴威胁的能力。

附录 B
恶意挖矿网络安全应急响应自救手册

对于机构、企业和广大网民来说，除要面对勒索病毒这一类威胁以外，往往还要面对恶意挖矿程序。恶意挖矿，就是在用户不知情或未经允许的情况下，占用用户终端设备的系统资源和网络资源进行挖矿，从而获取虚拟货币。其通常可以发生在用户的个人计算机、个人手机、企业网站或服务器、网络路由器上。随着近年来虚拟货币交易市场的发展，以及虚拟货币的金钱价值，恶意挖矿攻击影响越来越广泛。

B.1 感染恶意挖矿程序的主要方式

1. 利用类似其他病毒木马程序的传播方式

当用户被诱导内容迷惑并双击打开恶意的文件或程序后，恶意挖矿程序会在后台执行并悄悄地进行挖矿。

2. 利用暴露在公网上的主机、服务器、网站和 Web 服务，以及云服务等

通常暴露在公网上的主机和服务等由于未及时更新系统或组件补丁，导致存在一些可利用的远程漏洞。由于错误的配置或设置了弱密码导致登录凭据被暴力破解或可直接绕过认证和校验过程。

部分常用的远程漏洞有：WebLogic XMLDecoder 反序列化漏洞、Drupal 的远程任意代码执行漏洞、JBoss 反序列化命令执行漏洞、Couchdb 的组合漏洞、Redis 和 Hadoop 未授权访问漏洞等。当此类 0day 漏洞公开时，黑客就会立即使用其探测公网上存在漏洞的主机并尝试进行攻击，而往往此时绝大部分主机系统和组件尚未及时修补，或只采取一些补救措施。

3. 内部人员私自安装和运行挖矿程序

机构、企业内部人员带来的安全风险也不可忽视，需要防止内部人员私自利用内部网络和机器进行挖矿获取利益。

B.2 恶意挖矿会造成哪些影响

恶意挖矿造成的最直接的影响就是耗电,造成网络拥堵。由于挖矿程序会消耗大量的 CPU 或 GPU 资源,占用大量的系统资源和网络资源,其可能造成系统运行卡顿,系统或在线服务运行状态异常,造成内部网络拥堵,严重的可能造成线上业务或在线服务被拒绝,对使用相关服务的用户造成安全风险。

机构、企业遭受恶意挖矿攻击不应该被忽视,虽然其攻击的主要目的在于赚取虚拟货币,但其还揭露了企业网络存在的有效入侵渠道。黑客或网络攻击团伙可以在发起恶意挖矿攻击的同时,实施更具有危害性的恶意活动,如窃密、勒索攻击等。

B.3 恶意挖矿攻击是如何实现的

那么恶意挖矿攻击具体是如何实现的呢?以下总结了常见的恶意挖矿攻击中重要攻击链环节主要使用的攻击战术和技术。

1. 初始攻击入口

针对机构、企业的服务器、主机和相关 Web 服务的恶意挖矿攻击通常使用的初始攻击入口分为如下三类。

(1)远程代码执行漏洞

实施恶意挖矿攻击的黑客团伙通常会利用 1day、Nday 的漏洞利用程序或成熟的商业漏洞利用包对公网上存在漏洞的主机和服务进行远程攻击,并执行相关命令,达到植入恶意挖矿程序的目的。

下表是近一年来公开的恶意挖矿攻击中使用的漏洞信息。

漏洞信息

漏洞名称	相关漏洞编号	相关恶意挖矿攻击
永恒之蓝	CVE-2017-0144	MsraMiner、WannaMiner、CoinMiner
Drupal Drupalgeddon 2 远程代码执行	CVE-2018-7600	8220 挖矿团伙
VBScript 引擎远程代码执行漏洞	CVE-2018-8174	Rig Exploit Kit 利用该漏洞分发门罗币挖矿代码
Apache Struts 远程代码执行	CVE-2018-11776	利用 Struts 漏洞执行 CNRig 挖矿程序
WebLogic XMLDecoder 反序列化漏洞	CVE-2017-10271	8220 挖矿团伙

续表

漏 洞 名 称	相关漏洞编号	相关恶意挖矿攻击
JBoss 反序列化命令执行漏洞	CVE-2017-12149	8220 挖矿团伙
Jenkins Java 反序列化远程代码执行漏洞	CVE-2017-1000353	JenkinsMiner

(2) 暴力破解

黑客团伙通常还会针对目标服务器和主机开放的 Web 服务与应用进行暴力破解，获得权限。例如，暴力破解 Tomcat 服务器或 SQL Server 服务器，对 SSH、RDP 登录凭据进行暴力破解。

(3) 未正确配置，导致存在未授权访问漏洞

还有一类漏洞攻击是由于部署在服务器上的应用服务和组件未正确配置，导致存在未授权访问的漏洞。黑客团伙对相关服务端口进行批量扫描，当探测到具有未授权访问漏洞的主机和服务器时，通过注入执行脚本和命令实现进一步的下载，并植入恶意挖矿程序。

下表列举了恶意挖矿攻击中常用的未授权漏洞。

常用的未授权漏洞

漏 洞 名 称	主要的恶意挖矿木马
Redis 未授权访问漏洞	8220 挖矿团伙
Hadoop Yarn REST API 未授权漏洞利用	8220 挖矿团伙

除上述攻击入口以外，恶意挖矿攻击也会利用供应链实施攻击，以及与病毒木马类似的传播方式实施攻击。

2. 植入、执行和维持持久性

恶意挖矿攻击通常会利用远程代码执行漏洞或执行未授权漏洞，并利用注册服务、计划任务或 WMI 消息订阅维持持久性。

3. 竞争与对抗

恶意挖矿攻击会利用混淆、加密、加壳等手段进行对抗检测，除此以外为了保障目标主机用于自身挖矿的独占性，有时还会出现如下"黑吃黑"的行为。

① 修改 host 文件，屏蔽其他恶意挖矿程序的域名访问。

② 搜索并终止其他挖矿程序进程。

③ 通过 iptables 修改防火墙策略，甚至主动封堵某些攻击漏洞入口，以避免执行其他的恶意挖矿攻击。

B.4 恶意挖矿程序有哪些形态

目前，恶意挖矿程序主要可分为如下三种形态。

① 自开发的恶意挖矿程序，其内嵌了挖矿相关功能代码，并通常附带其他病毒、木马恶意行为。

② 利用开源的挖矿代码编译实现，并通过 PowerShell、Shell 脚本或 Downloader 程序加载执行，如 XMRig、CNRig、XMR-Stak 恶意挖矿程序。

其中 XMRig 是一个开源的跨平台的门罗算法挖矿项目，其主要针对 CPU 挖矿，并支持 38 种以上的币种。由于其开源、跨平台，以及挖矿币种类别丰富，因此，成为各类挖矿病毒家族的挖矿实现核心。

③ JavaScript 脚本挖矿主要是基于 CoinHive 项目调用其提供的 JS 脚本接口实现挖矿功能。由于 JS 脚本实现的便利性，因此其可以方便地植入到入侵的网站网页中，利用访问用户的终端设备实现挖矿行为。

B.5 如何发现是否感染恶意挖矿程序

1. "肉眼"排查法或经验排查法

由于挖矿程序通常会占用大量的系统资源和网络资源，所以结合经验进行排查是快速判断机构、企业内部是否遭受恶意挖矿攻击的方法。

通常机构、企业内部会出现多台主机卡顿，并且相关主机风扇狂响，在线业务或服务出现频繁无响应，内部网络出现拥堵，反复重启，在排除系统和程序本身的问题后依然无法解决，那么机构、企业就需要考虑是否感染了恶意挖矿程序。

2. 技术排查法

（1）进程行为

通过 top 命令查看 CPU 占用率情况，并按 C 键通过占用率排序，查看 CPU 占用率高的进程。

（2）网络连接状态

通过 netstat-anp 命令可以查看主机网络连接状态和对应进程，查看是否存在异常的网络连接。

(3) 自启动或任务计划脚本

查看自启动或任务计划脚本,如通过 crontab 查看当前的定时任务。

(4) 相关配置文件

查看主机/etc/hosts、iptables 等配置文件是否异常。

(5) 日志文件

查看/var/log 下的主机或应用日志是否异常。

(6) 安全防护日志

查看内部网络和主机的安全防护设备告警和日志信息,判断是否异常。

通常在企业安全人员发现恶意挖矿攻击时,初始的攻击入口和脚本程序可能已经被删除,使事后追溯和还原攻击过程十分困难,所以更需要通过服务器和主机上的终端日志信息,以及企业内部部署的安全防护设备产生的日志信息进行判断。

B.6　如何防护恶意挖矿攻击

机构、企业网络或系统管理员及安全运维人员应该在机构、企业内部相关系统、组件和服务出现公开的远程利用漏洞时,尽快将其更新到最新版本,或在未推出安全更新时采取恰当的缓解措施。

对于在线系统和业务需要采用正确的安全配置策略,使用严格的认证和授权策略,并设置复杂的访问凭证。

加强机构、企业人员的安全意识,避免相关人员访问带有恶意挖矿程序的文件、网站。

制定相关安全条款,杜绝内部人员的主动(或变象进行)挖矿。

附录 C
网络安全应急响应服务及其衍生服务

C.1 资产梳理

随着 IT 基础架构变得越来越复杂，跟踪、管理软件和硬件基础架构将给组织带来更大的挑战。资产发现和评估一直以来是用户非常头疼且非常费时费力的工作，如今大多数公司都无法了解并主动管理其资产的生命周期、供应商历史信息、合同元素、软件许可分配和资产的成本要素等。

1. 缺乏对资产利用率的可见性

由于无法在整个资产的生命周期内跟踪资产，因此机构、企业无法有效分配现有资源，其将不同的未利用资产池集中于一个区域，而巨大的需求却集中于其他区域。这将导致组织购买资产过度。

2. 在软件许可方面过度开支

因为缺乏对"谁正在使用什么"的了解，因此机构、企业经常会面临软件许可合规性，以及与意外软件审核相关的法律、财务风险。这将导致不必要的软件购买，或由于软件审核的经济惩罚造成的不必要支出。

3. 资产管理的主要体现

（1）完整

可通过工具扫描和人工筛选排查的方式，标记出网络上的任何设备，包括无线和有线的网络设备、安全设备、主机设备、服务器设备、用户移动终端设备等。网络用户的综合性列表可帮助 IT 团队了解网络上发生了什么。

（2）颗粒度

颗粒度体现在硬件与软件管理中，例如，同个牌子相同型号的两台服务器应该有不同的序列号或者硬盘序列号。在系统中收集这些信息可为资产管理提供参考。

(3)可重复性

必须以有意义的方式访问资产数据。资产管理系统必须提供报告,不仅要与产品有关,也要覆盖维护计划、设备打补丁与更新的能力、设备的健康状况,以及其中包含的组件。

4. 资产的生命周期管理

设备运行系统的生命周期管理要确保设备运行正常。生命周期管理做得好,将有助于测量设备对于工作负载的作用。

C.2 安全加固

安全加固服务是指根据专业安全评估结果,制定相应的系统加固方案。针对不同目标系统,通过打补丁、修改安全配置、增加安全机制等方法,合理加强安全性。实施安全加固就是消除信息系统上存在的已知漏洞,提升关键服务器、核心网络设备等重点保护对象的安全等级。安全加固主要是针对网络与应用系统的加固,是在信息系统的网络层、主机层和应用层等层次上建立符合安全需求的安全状态。安全加固一般会参照特定系统加固配置标准或行业规范,根据业务系统的安全等级划分和具体要求,对相应信息系统实施不同策略的安全加固,从而保障信息系统的安全。

1. 主要目的

消除与降低安全隐患。周期性的安全评估和加固工作相结合,尽可能避免安全风险的发生。

2. 主要环节

系统安全评估:包括系统安全需求分析、系统安全状况评估。系统安全状况评估利用大量安全行业经验和漏洞扫描技术、工具,从内、外部对机构、企业的信息系统进行全面的评估,确认系统存在的安全隐患。

制定安全加固方案:根据前期的系统安全评估结果制定系统安全加固实施方案。

安全加固实施:根据制定的加固方案,对系统进行安全加固,并对加固后的系统进行全面的测试,确保加固对系统业务无影响,并达到了安全提升的目的。安全加固操作涉及的范围比较广,包括:正确安装软/硬件、安装最新的操作系统和应用软件的安全补丁、操作系统和应用软件的安全配置、系统安全风险防范、系统安全风险测试、系统完整性备份、系统账户密码加固等。在加固的过程中，如果加固失败，则根据具体情况，要么放弃加固，要么重建系统。

输出加固报告：安全加固报告是指完成信息系统安全加固后的最终报告，记录了加固的完整过程和有关系统安全管理方面的建议或解决方案。

3. 加固步骤

（1）准备工作

认真分析评估结果，确认加固方案。

（2）准备加固工具

操作时要边记录边操作，尽量防止可能出现的误操作。

（3）收集系统信息

加固之前收集所有的系统信息、用户服务需求、服务软件信息，做好加固前的预备工作。

（4）做好备份工作

系统加固之前，先对系统做完全备份。加固过程可能存在任何不可预见的风险，当加固失败时，可以恢复到加固前状态。

（5）加固系统

按照系统加固核对表，逐项按照顺序执行操作。

（6）复查配置

对加固后的系统，全部复查一次所做的加固内容，确保正确无误。

（7）应急恢复

出现不可预料的后果时，首先使用备份恢复系统提供服务，同时及时解决问题。

C.3 持续监测与分析

机构、企业可通过分析外部扫描数据、内网流量、监测主机终端设备及虚拟化服务器集群，基于公有云、私有云的全面覆盖，实现信息共享、数据共享，快速有效地发现威胁和恶意行为。

机构、企业可遵循"四个假设"进行方案制定，即假设系统一定有未被发现的漏洞、假设一定有已发现但仍未修补的漏洞、假设系统已经被渗透、假设内部人员不可靠。

安全防护视角可从了解黑客的攻击方式转化成对内部指标的持续监测与分析，因为无论多么高级的黑客，其攻击行为都会触发内部指标的异常变化。因此，可建立相关指标，实时、准确地感知入侵事件，发现失陷主机，加强实时监控和响应能力。

C.4 响应与处置

1. 事前准备阶段

此阶段主要是进行风险评估、制定策略、拟定应急预案、演习并培训。降低安全事件发生的可能。

包括以下几项内容：

制定用于应急响应工作流程的文档方案，并建立一组基于威胁态势的合理防御措施；

制定预警与报警的方式流程，建立一组高效事件处理程序；

建立备份的体系和流程，按照相关网络安全政策配置安全设备和软件；

建立一个支持事件响应活动的基础设施，获得处理问题必备的资源和人员，进行相关的安全培训，还可以进行应急响应事件处理的预演。

2. 事中应急处置阶段

此阶段需通过各种途径（安全监测、信息共享、第三方通报等）获知安全事件，并依照制定的预案对事件进行处理，降低事件带来的风险，并尽快恢复正常业务。

主要包括以下几项内容：

收集入侵相关的所有资料，保护证据；

确定使系统恢复正常的需求和时间表，从可信的备份介质中恢复用户数据和应用服务；

通过有关恶意代码或行为的分析结果，找出事件根源，明确相应的补救措施并彻底清除问题，对攻击源进行准确定位并采取措施将其中断；

清理系统，恢复数据、程序、服务，把所有被攻破的系统和网络设备彻底还原到正常的任务状态。

3. 事后总结阶段

此阶段需总结经验，调整安全策略，并对策略进行验证，以防止安全事件再次发生。还可持续监测评估攻击事件带来的后续风险。

应急响应报告要客观描述存在的问题及安全需求。

描述分析过程，确保结论有据可查，配以截图等进行展示。提出有效的安全建议以便进行整改加固，预防再次发生安全事件。

4. 应急响应形式

应急响应可分为远程应急响应和本地应急响应两种形式。

应急响应服务方式可以是 7×24 小时远程支持或现场支持。远程支持可以采用电话、传真、邮件、远程加密登录等方式。

机构、企业第一时间一般会采取远程应急响应支持，查看具体情况（市内客户可选择本地应急响应支持），当远程应急响应支持无法解决问题时，将派专业的应急响应服务人员到达用户所在地提供现场服务。

当入侵或者破坏发生时，对应的处理原则是：首先保护或恢复计算机、网络服务的正常工作；然后再对入侵者进行追查。

C.5　预警预测

网络安全态势感知技术能够综合各方面的安全因素，从整体动态反映网络安全状况，并对网络安全的发展趋势进行预警预测。大数据技术特有的海量存储、并行计算、高效查询等特点，为大规模网络安全态势感知技术的突破创造了机遇。借助大数据分析，可对成千上万的网络日志等信息进行自动分析处理与深度挖掘，对网络的安全状态进行分析评价，感知网络中的异常事件与整体安全态势。

1. 网络安全态势感知

网络安全态势感知就是利用数据融合、数据挖掘、智能分析和可视化等技术，直观显示网络环境的实时安全状况，为网络安全提供保障。借助网络安全态势感知，网络监管人员可以及时了解网络的状态、受攻击情况、攻击来源及哪些服务易受到攻击等，对发起攻击的网络采取措施；网络用户可以清楚地掌握所在网络的安全状态和趋势，做好相应的防范准备，避免或减少网络中病毒和恶意攻击带来的损失；应急响应组织也可以从网络安全态势中了解所服务网络的安全状况和发展趋势，为制定有预见性的应急预案提供支撑。

2. 预警预测相关技术

大规模网络有如下特点：一方面网络节点众多、分支复杂、数据流量大，存在多种异构网络环境和应用平台；另一方面网络攻击技术和手段呈平台化、集成化和自动化的发展趋势，网络攻击具有更强的隐蔽性和更长的潜伏时间，网络威胁不断增多且造成的损失不断增大。为了实时、准确地显示整个网络安全态势状况，检测出潜在恶意的攻击行为，网络安全态势感知要在对网络资源要素进行采集的基础上，通过数据预处理、网络安全态势特征提取、态势评估、态势预测和态势展示等过程来完成，这其中涉及许多相关的技术问题，主要包括：数据融合技术、数据挖掘技术、特征提取技术、态势预测技术和可视化技术等。

3. 全面覆盖，高度集成

随着网络规模的扩大，以及网络攻击复杂度的增加，入侵检测、防火墙、防病毒、安全审计等众多的安全设备在网络中得到广泛的应用。虽然这些安全设备对网络安全发挥了一定的作用，但也存在很大的局限性，主要表现在：

一是各安全设备的海量报警和日志语义级别低，冗余度高，占用存储空间大，且存在大量的误报，导致真实报警信息被淹没；

二是各安全设备大多功能单一，产生的报警信息格式各不相同，难以进行综合分析整理，无法实现信息共享和数据交互，使各安全设备的总体防护效能无法得以充分的发挥；

三是各安全设备的处理结果仅能单一体现网络某方面的运行状况，难以提供全面直观的网络整体安全状况和趋势信息。

网络安全态势感知是对部署在网络中的多种安全设备提供的日志信息进行提取、分析和处理，实现对网络态势状况的实时监控，对潜在的、恶意的网络攻击行为进行识别和预警，充分发挥各安全设备的整体效能，提高网络安全管理能力。

网络安全态势感知主要采集网络入口处防火墙日志、入侵检测日志、网络中关键主机日志及主机漏洞信息，通过融合分析这些来自不同设备的日志信息，全面深刻地挖掘出真实有效的网络安全态势相关信息，与仅基于单一日志源分析网络的安全态势相比，可以提高网络安全态势的全面性和准确性。